宇宙環境と材料・バイオ開発

Material and Biotechnology Development for The Space Environment

編集 栗林一彦

シーエムシー

普及版への序

　1957年に人工衛星が地球を巡って以来，米国，旧ソ連を中心とした活発な宇宙開発は，大型ロケットや衛星技術の飛躍的な進歩となって現れた。1970年代には宇宙空間を積極的に利用することへの関心が高まった。赤道上36,000kmの静止軌道の利用に代表される通信，放送，気象分野の実用衛星が，我々の日常生活にはかりしれない恩恵をもたらしていることは，言うまでもない。

　また，これらの静止衛星以外に無重力，高真空など，地上では得がたい環境を積極的に利用しようという試みも多く行われてきた。

　宇宙環境を材料のプロセシングやライフサイエンスの研究の場に利用することは，先端技術の基盤となる新材料や新物質の創製に展望を与えるだけでなく，将来人類が宇宙空間を生活の場として利用する際の糸口になることが期待される。このような観点に立って，宇宙利用の状況をライフサイエンス，マテリアルサイエンスの研究から見た時，問題となるのは宇宙環境利用に関連した情報が不足していることである。

　本書は1987年時点での宇宙利用に関するそれまでの動向と将来展望，ライフサイエンス，マテリアルサイエンスについて解説を試みたものである。各章の執筆者はそれぞれ第一線でご活躍の研究者であり，宇宙利用に積極的に取り組まれている方々である。本書が宇宙利用に関する有用な情報源として，多くの方々に活用されれば幸いである。

　なお，本書は1987年に『宇宙利用と新素材・バイオ開発』として発行したものであるが，この度<**CMCテクニカルライブラリー**>として刊行するにあたり，内容は当時のものに何ら加筆・訂正等を行っていないことをご了承願いたい。

2001年7月

シーエムシー編集部

執筆者一覧（執筆順）

長友 信人	宇宙科学研究所　衛星応用工学研究系　教授	
佐藤 温重	東京医科歯科大学　歯学部　第2理工　教授	
	（現・東京医科歯科大学名誉教授；宇宙開発事業団　宇宙環境利用研究システム　サイエンスアドバイザー）	
大島 泰郎	東京工業大学　理学部　生命理学科　教授	
	（現・東京薬科大学　生命科学部　教授）	
鈴木 俊夫	長岡技術科学大学　工学部　機械系	
	（現・東京大学大学院　工学系研究科　教授）	
栗林 一彦	宇宙科学研究所　宇宙輸送研究系　助教授	
	（現・宇宙科学究所　宇宙基地利用研究センター　センター長）	
西永　頌	東京大学　工学部　電子工学科　教授	
	（現・名城大学　理工学部　材料機能工学科　教授）	
梅田 高照	東京大学　工学部　金属工学科　教授	
	（現・東京大学名誉教授；チュラロンコン大学客員教授）	
大平 貴規	東京大学　工学部　金属工学科	
熊川 征司	静岡大学　電子工学研究所　教授（現・所長；教授）	
宮田 保教	長岡技術科学大学　工学部　機械系　助教授（現・教授）	

（所属は1987年5月時点。（　）内は2001年7月現在）

目　　次

第1章　宇宙開発と宇宙利用　　　長友信人

1　宇宙開発の歴史と宇宙利用 …………… 3
　1.1　スプートニク以前 ……………… 3
　　1.1.1　宇宙飛行の父ツィオルコフスキー …………………… 3
　　1.1.2　ロケットの父ゴダード ……… 4
　　1.1.3　ヘルマン・オーベルト ……… 4
　1.2　スプートニクとエキスプローラ …………………………… 5
　　1.2.1　スプートニク時代 …………… 5
　　1.2.2　エキスプローラとアメリカの追い上げ ………………… 5
　　1.2.3　初期の有人飛行 ……………… 6
　　1.2.4　宇宙での人間の能力 ………… 6
　　1.2.5　米ソの異なる目標と協力 …… 7
2　宇宙利用に対する諸外国の現状 ……… 8
　2.1　スカイラブとサリュート ……… 8
　　2.1.1　スカイラブ …………………… 8
　　2.1.2　サリュートⅥ号 ……………… 11
　2.2　スペースラブとスペースシャトル ……………………………… 13
　　2.2.1　スペースシャトル乗務員室 … 13
　　2.2.2　スペースラブ ………………… 13
　　2.2.3　MSL等 ……………………… 16
　　2.2.4　GAS ………………………… 16
　　2.2.5　フリーフライヤー …………… 17
　　2.2.6　ロケット利用 ………………… 19
　　2.2.7　落下塔 ………………………… 20
3　わが国の宇宙利用の動向 ……………… 20
　3.1　研究活動と組織 ………………… 20
　　3.1.1　科技庁関連 …………………… 20
　　3.1.2　宇宙科学研究所（宇宙研）と大学 ……………………… 21
　　3.1.3　通産省 ………………………… 21
　　3.1.4　民間 …………………………… 21
　3.2　国内の計画 ……………………… 21
　　3.2.1　スカイラブ以前 ……………… 21
　　3.2.2　スペースシャトル …………… 22
　3.3　宇宙実験・観測フリーフライヤー（SFU） ………………… 25
　3.4　ロケット ………………………… 26
　　3.4.1　TT-500A型ロケット ……… 26
　　3.4.2　S-520ロケット …………… 26
　3.5　その他の方法 …………………… 26
　　3.5.1　航空機 ………………………… 26
　　3.5.2　バルーン ……………………… 27
　　3.5.3　落下塔 ………………………… 27
4　宇宙利用の将来と問題点 ……………… 27
　4.1　宇宙インフラストラクチュアの形成 ………………………… 27
　　4.1.1　宇宙ステーション …………… 28

4.1.2　宇宙輸送……………………… 29
　　　4.1.3　スペースコロニー…………… 29
　4.2　宇宙利用の経済性………………… 29
　　　4.2.1　情報産業……………………… 29
　　　4.2.2　材料とエネルギー…………… 29

第2章　生命科学と宇宙利用　　佐藤温重

1　宇宙における生命科学の課題………… 35
　1.1　宇宙生物学の課題………………… 35
　　　1.1.1　重力感受-応答機構の解
　　　　　　明………………………………… 36
　　　1.1.2　生殖，発生，分化に及ぼす
　　　　　　無重力の影響………………… 37
　　　1.1.3　生理，代謝，適応に及ぼす
　　　　　　宇宙環境の影響……………… 37
　　　1.1.4　宇宙放射線の生体影響……… 38
　　　1.1.5　宇宙医学生物学的研究……… 38
2　これまでの宇宙生物科学実験………… 39
　2.1　アメリカミッションによる実験… 39
　2.2　ソビエト・ミッションによる実
　　　験………………………………………… 47
3　宇宙生命科学の将来…………………… 52

第3章　宇宙における生命工学　　大島泰郎

1　はじめに………………………………… 61
2　閉鎖系における生命の維持…………… 61
　2.1　生命と物質循環……………………… 61
　　　2.1.1　生体物質論…………………… 61
　　　2.1.2　生体エネルギー……………… 63
　　　2.1.3　CO_2固定 ………………… 64
　　　2.1.4　元素循環……………………… 64
　　　2.1.5　生態系………………………… 65
　2.2　CELSS ……………………………… 66
　　　2.2.1　宇宙農業……………………… 67
　　　2.2.2　ガス交換……………………… 68
　　　2.2.3　実験モデル…………………… 68
　　　2.2.4　廃棄物………………………… 68
　　　2.2.5　半合成CELSS ……………… 68
　　　2.2.6　光反応と水素発生…………… 69
3　宇宙生物工学…………………………… 70
　3.1　電気泳動……………………………… 71
　3.2　二相分離……………………………… 71
　3.3　大型結晶……………………………… 72
　3.4　培養…………………………………… 72
4　Global Change ………………………… 72

第4章　宇宙材料実験——新材料開発と宇宙利用——

1　融液の凝固におよぼす微小重力の影
　　響……………鈴木俊夫，栗林一彦… 77

1.1 はじめに……………………………… 77
1.2 微小重力環境の特徴………………… 77
　1.2.1 微小重力環境下の諸現象……… 77
　1.2.2 宇宙材料製造法への期待…… 80
1.3 単相合金の凝固……………………… 81
　1.3.1 核生成…………………………… 81
　1.3.2 界面安定性……………………… 83
　1.3.3 デンドライト成長……………… 86
1.4 多相合金の凝固……………………… 87
　1.4.1 共晶合金………………………… 87
　1.4.2 偏晶系合金……………………… 88
1.5 その他の材料の凝固………………… 89
　1.5.1 粒子分散合金…………………… 89
　1.5.2 気泡分散合金…………………… 90
　1.5.3 ガラス，セラミックス………… 91
1.6 微小重力下の凝固現象……………… 91
1.7 おわりに……………………………… 93
2 高品位半導体単結晶の育成と微小重
　力の利用……………………西永　頌… 95
2.1 高品位結晶成長技術の現状とそ
　の問題点……………………………… 95
2.2 微小重力下での従来の結晶成長
　実験…………………………………… 99
2.3 結晶成長に対する微小重力のメ
　リット………………………………… 105
2.4 おわりに……………………………… 107
3 これまでの宇宙材料実験
　　………………梅田高照，大平貴規… 109
3.1 はじめに……………………………… 109
3.2 アポロ計画…………………………… 109
3.3 スカイラブ計画……………………… 110
　3.3.1 密閉容器を用いた実験………… 110

　3.3.2 無容器溶解……………………… 112
3.4 アポロ＝ソユーズ計画（ASTP）… 112
　3.4.1 宇宙材料実験用多目的電気
　　　　炉の開発………………………… 113
　3.4.2 表面張力誘起対流実験………… 113
　3.4.3 偏晶系および包晶系の溶融，
　　　　凝固……………………………… 114
　3.4.4 結晶成長における interface
　　　　marking 実験 ………………… 114
　3.4.5 微小重力下での磁性材料の
　　　　製造……………………………… 114
　3.4.6 気相蒸着による結晶成長…… 115
　3.4.7 ハロゲン化物共晶成長………… 115
　3.4.8 多種材料の溶融実験…………… 115
　3.4.9 水溶液中での結晶成長………… 115
3.5 宇宙応用ロケット（SPAR）……… 116
3.6 おわりに……………………………… 118
4 SL-1の実験結果
　　── SL-1の成果分析 ── ………… 120
4.1 半導体の結晶成長………熊川征司… 120
　4.1.1 GaSb 半導体の結晶成長……… 120
　4.1.2 CdTe の溶液成長 ……………… 124
　4.1.3 Si 半導体の球状結晶成長…… 128
　4.1.4 FZ-Si の結晶成長 …………… 130
4.2 金属凝固…………………栗林一彦… 138
　4.2.1 偏晶合金の相分離と凝固…… 138
　4.2.2 共晶合金の方向性凝固………… 142
　4.2.3 発泡金属の生成………………… 144
　4.2.4 スキンキャスティング………… 145
　4.2.5 まとめ…………………………… 146
4.3 流体運動…………………宮田保教… 149
　4.3.1 流体運動の重要性……………… 149

4.3.2 微小重力下での流体現象……151
4.3.3 宇宙で用いられる実験装置，およひ実験の例………………157
4.3.4 今後の展望…………………162

第1章　宇宙開発と宇宙利用

第1章　宇宙開発と宇宙利用

長友信人*

1　宇宙開発の歴史と宇宙利用

1.1　スプートニク以前[1],[2]

　宇宙開発という言葉は日本でいい出されたものらしく，外国では「宇宙探検」(Space Exploration)，「宇宙利用」(Space Exploitation) などと呼ばれている．フロンティアとしての宇宙はまず探査と探検であり，次に宇宙利用が来るという順序であって，「宇宙開発」(Space Development) はその次の段階であろう．にもかかわらず「宇宙開発」というのは魅力のある言葉である．その中には宇宙を人類のために利用しようという心意気がみなぎっている．

　宇宙開発が人々の心をしっかりととらえたのは1957年10月4日に打上げられたソ連のスプートニクである．スプートニクは突如として世の中に現われたものではなく，ちょうどその時行われていた国際地球観測年 (IGY) の米ソの分担すべき項目として取り決めてあったものが実現されたものである．しかし，ここで世の中はがらりと変ってしまった．そういう意味で宇宙開発をスプートニクを一つの起点としてそれ以前と以後に分けられる．その前半は3人の先駆者とその後継者の物語に要約されよう．

1.1.1　宇宙飛行の父ツィオルコフスキー (Konstantin Eduardvich Tsiolkovsky)

　ツィオルコフスキーは1852年9月17日にロシヤのリガザンスク郡，イゼフヌコイ村に生まれたが13歳のときに猩紅熱のためろう唖者となってしまい幸か不幸か以後思考に没頭できるようになった．1882年に家族と共に故郷に帰り，そこで教師生活をはじめ，後にカルーガ村に移って一生を送るが，この間宇宙飛行についての理論を確立した．

　ツィオルコフスキーは理論的にロケットによる宇宙飛行を証明すると共に多段式ロケットによる宇宙飛行つまり，今日の人工衛星打上げロケットの理論を作り上げた．彼の構想によるとロケットの大きさは長さが100 m以上で，人々は何階建の家のような船室に居住して宇宙旅行をするのである．このことから宇宙の先駆者は壮大な宇宙飛行の構想を考えていたことが分る．

　ツィオルコフスキーはその後も理論的な研究を続けたが自らロケットを作ることはしなかった．しかし，現在でもソ連の宇宙開発の精神的主柱はツィオルコフスキーである．彼は1935年，賞

---

*　Makoto Nagatomo　宇宙科学研究所　衛星応用工学研究系

第1章　宇宙開発と宇宙利用

賛されつつ亡くなった。彼の言葉「地球は人類にとってゆりかごである。しかし彼等ははじめはおずおずと，そしてやがて元気よく，そこからとび出していくのだ」は有名である。

1.1.2　ロケットの父ゴダード（Robert Hatchiup Goddard）

ロバート・H・ゴダードはアメリカ人で1882年にマサチューセッツ州に生まれ，学生時代にウェルズの「世界戦争」やガレット・P・サースの「エジソンの火星征服」などの小説によって感化をうけて宇宙飛行の研究に没入した。ゴダードは特に自らロケットを作って飛ばすという実験研究に重点をおいて，世界最初のロケットを作った。それは，1926年3月16日であった。1930年代は場所をニューメキシコ州に移して，グーゲンハイム財団の資金によって研究を発展させた。そして1941年にはドイツのV-2ミサイルと同等のロケットを作り上げた。

ゴダードは沢山の特許をとり，ジャイロスコープによってロケットを操縦するような現代ロケットの基礎を発明したが，組織を作って研究することがきらいであった。1930年代はじめに設立されたアメリカ・ロケット協会とのつながりもなく，その成果が有効に生かされなかったのは残念なことである。またフォン・カルマンが所長をしていたカリフォルニア工大付属グーゲンハイム航空研究所ロケット研究グループはゴダードとの共同研究を拒否され独自に研究を続けていたが，1944年に改組されて今日のジェット推進研究所（JPL）となった。ゴダードは1945年8月10日に亡くなった。

1.1.3　ヘルマン・オーベルト（Herman Oberth）

トランシルバニア生まれのヘルマン・オーベルトの両親はドイツ人で，自分も後にドイツ国籍を持つようになった科学者である。ゴダード同様，ウェルズやベルヌの小説に動かされて宇宙飛行に興味を持ち医学校をやめてロケットの理論的研究をはじめ，1923年に「惑星空間へのロケット」という本を著わした。この本は多く読まれて若者達を刺激した。1923年にVfR（宇宙旅行協会）が発足し，ロケットエンジンの地上燃焼実験が行われるようになった。

1929年，オーベルト自身は「月の上の少女」という映画作りを依頼されてロケットを設計することになったが，このエンジンはその中でも代表的なものである。

オーベルトは若者を啓蒙し，自ら技術者の参加を積極的に求めたのでドイツのロケットの組織的活動はVfRを中心として独自の実験場をもつようになり，1931年にはこれが完成した。時は第一次世界大戦後でベルサイユ条約によってドイツの軍事研究は限定されたものとなっていたが，ロケットの建造は禁止されていなかったので，これに大々的に取組むことになった。1933年ナチ政権下ですべてのロケット実験は国家管理の下におかれることになり，以後有名なV-2ロケットの完成と実戦配備まで宇宙飛行の夢は軍事研究と一体となって急速に発展していったのである。ヘルマン・オーベルトは1986年現在92歳で西ドイツのフォイヒトで余生を送っている。

1.2 スプートニクとエキスプローラ[3]

1.2.1 スプートニク時代

IGYで約束したソ連の人工衛星は1957年10月4日に打上げられたスプートニクⅠ号で実現した。それは直径58 cm，重量は83 kgで宇宙空間観測器と送信機を搭載していた。スプートニクⅡ号はⅠ号のちょうど1カ月後の11月30日に打上げられたが，これは重さが510 kgもあり，ライカという名の犬が乗せられていて動物が無重量環境下で生存できるかどうかが確かめられた。もちろんこの場合，ライカ犬は人間の代りの被験動物であった。スプートニクⅢ号は翌年5月15日に打上げられたが，これはさらに重量が大きく，1320 kgもあり，これは宇宙空間観測のための科学機器が搭載されていた。

1960年8月に打上げられたスプートニクⅤ号には再びベルカとシトラルカという二匹の犬が乗せられ，このときは軌道を18周した後に地上に回収された。犬はその後元気な子犬を産んだ。

一方，ソ連は衛星と共に月の探査にも早くから意欲を示し1959年1月2日に重量359 kgのルナⅠ号を月に向けて打上げた。これはそれて月にあたらず，初の人工惑星となった。続けて同じ年の9月13日に打上げられたルナⅡ号は月に命中し，月にソ連邦の紋章を打ち込んだ。そして，10月には月の裏側の写真をとって地球に電送したのである。

1.2.2 エキスプローラとアメリカの追い上げ

IGYに向けてアメリカは海軍のミサイル，ヴァイキングを1段目のロケットにしたバンガードロケットを開発していたが，この妥協の産物のようなロケットはうまくいかず，結局フォン・ブラウンの率いるドイツのV-2のチームが緊急に召集された。フォン・ブラウンらは90日以内という約束の日数以内でエキスプローラ衛星を打上げた。1958年1月31日のことであった。これはバン・アレン博士の計測器を搭載し，バン・アレン帯の名で知られることとなった放射線帯を発見した。

バンガードはやっと1959年2月17日にバンガードⅡ号衛星を打上げて面目を施すのだが，アメリカ全体としては，すでに1958年12月17日にマーキュリー有人宇宙飛行計画を発表して話題の中心はすでにそちらに移ってしまっていた。無人の衛星の打上げ頻度もハイピッチで，エキスプローラ衛星は17号まで打上げられた。1962年4月23日打上げで月探査衛星レンジャー4号は月の裏側に命中し，同年8月にはマリーナ2号が金星に向けて打上げられて12月に金星を通過している。

エキスプローラの数多くのシリーズはその後も主として宇宙空間観測のために打上げられている。そしてそれと並行してもっと地球に密着した宇宙ミッションが登場する。

宇宙の通信衛星の先駆者はカナダの国内通信衛星テルスタットである。これは1962年12月のNASAのクレー衛星，1965年のインテルサットのアーリーバードに先だつ世界初の実用衛星で

第 1 章　宇宙開発と宇宙利用

あった。1962 年 2 月 8 日に打上げられたタイロス衛星は気象衛星であった。これは 1964 年 NIMBUS に引きつがれ、今日の NOAA 衛星、GEOS と続く。GEOS は WWW (世界気象監視計画) の一環で、これには日本の「ひまわり」もその一翼を担っている。さらに 1972 年の ERTS 衛星 (後にランドサットと改名) が初の民間用地球観測衛星として登場する。このように 1970 年までには放送衛星以外のほぼすべての衛星の先がけが登場する。その放送衛星も通信衛星の一つだといえないことはない。

しかし、より複雑な任務をもった実験は「人手」がなくてはできなかった。

1.2.3　初期の有人飛行[3),4)]

スプートニク 9 号と 10 号で続けて犬が 1 匹ずつ地球をまわって回収された。その直後 1961 年 4 月 12 日モスクワ時間の午前 9 時 7 分ユリ・ガガーリンはバイコヌール宇宙基地をあとにして宇宙に飛び立ち地球を一周して、10 時 55 分地球に戻ってきた。犬と同様、人間が無重量状態の下で生きることができることが証明されたのであった。

アメリカ人の飛行はマーキュリー計画という名で実施されていた。それは弾道飛行からはじめられた。最初の弾道飛行は高度 186 km まで行って 15 分 28 秒後に海上にパラシュートで着水し回収された。乗員はアラン・シェーパード、Jr. で 1961 年 5 月 5 日のことである。はじめて軌道をまわったのは現在上院議員のジョン・グレン、Jr. で、1962 年 2 月 20 日である。アメリカもグレンに先だって動物を乗せて試験飛行を行っており、1961 年 11 月に同じ宇宙船でチンパンジー「エノス」(人間というギリシャ語) を打上げて回収していた。

ソ連は 1961 年 8 月 16 日にもジャーマン・チトフが地球を 17 周し、ほぼ一日中宇宙に滞在し、両国の宇宙への人間の進出をかけた競争のピッチは早まってきた。当時はソ連と米国のどちらが月へ行くかが大きな関心事であった。アメリカの大統領ジョン・F・ケネディは 1961 年 5 月 25 日アメリカが 1970 年までには月に人間を送り込むことを宣言して以来、マーキュリー計画は大きな目標を持つことになった。

初期の宇宙飛行では乗組員はカプセルの中で実験動物のようにじっとした役割しか与えられなかったが、それでも自動装置が故障したときは手動に切換えるなどして「有人」のシステムの持つ有利さを証明した。

最初の米ソの競争は宇宙滞在時間であった。ソ連は 1963 年 6 月にブイコボイがボストーク V 号で 81 周し、アメリカは最後のマーキュリー (MA-9) でクーパーが 22 周した。そして宇宙飛行はより高度な段階へと進んでいった。

1.2.4　宇宙での人間の能力

すでにボストークのⅢ号とⅣ号、Ⅴ号とⅥ号はそれぞれ同時に軌道に打上げられ、二つの宇宙船が編隊を作って飛行することが試みられた。ついでながら、ボストークⅥ号には初の女性ワレ

ンチーナ・テレシコワが搭乗した。彼女は初めての女性宇宙飛行士というだけでなく，パイロットではなかったという意味で世界初の素人の宇宙飛行士であった。

このようにその後の宇宙での人間の活動の発展を予想させつつ，米ソとも一人乗りの宇宙船の時代は1963年6月で終りをつげ，ソ連は1964年10月にボスホートⅠ号に3人の人を乗せて地球を16周し，アメリカは二人乗りのジェミニ計画に突入した。

1965年3月と5月にソ連のアレクセイ・レオノフとアメリカのエドワード・ホワイトはそれぞれ宇宙船の中から外に出て宇宙遊泳を行った。いよいよ宇宙における人間の能力を試す段階になったのである。

ジェミニ計画はマーキュリー計画とアポロ計画の間にはさまれてあまり目立たない計画であったが，この中では宇宙船のランデブー・ドッキングや地球の観測，新しい宇宙服の開発，そして数多くの科学実験が行われた。宇宙遊泳の実験はその中の一つであり，将来の船外活動（EVA）に備えるものであった。また宇宙食の研究も盛んで，いろいろな食品が作られ，宇宙飛行士はそれを食べさせられた。アポロ計画からスペースシャトルまで今でも宇宙用電源の主力となっている燃料電池もこの計画でテストされた。

ジェミニ計画ではクーパーが二度目の宇宙飛行を行い，一方，ソ連では宇宙を飛んだニコラエフとテレシコワが結婚して健康な子供が生まれ，宇宙飛行は人間にとって害にならないということが益々明らかになってきた。

しかし，経験を重ねるとともに予想される悲劇も発生する。それも米ソ同時といっていいくらいのタイミングで発生した。1967年1月27日アポロ1号の三人の乗組員は地上で訓練中にケーブルが火災をおこして密封されたカプセルの中で死亡した。ずさんな工事が直接の原因と見られたが，酸素を船内の空気代りに使用している設計がまずいことが明らかであった。この後，NASAは材料など使用基準がきわめて厳しくなった。一方同じ年の4月23日に打上げられたソユーズ1号は帰還するときにパラシュートが途中でもつれて開かず，宇宙船は大地に激突して乗員のウラジミール・コマロフが死亡した。ソユーズは新しく開発したソ連の宇宙船で，ソユーズ2号とランデブードッキングをするはずであった。

1.2.5 米ソの異なる目標と協力

二つの悲劇は両国の有人活動を中止させるよりむしろ一つの経験として役立たせる形でその後の計画は進められたが，米ソの宇宙開発の目標は明らかに異なる方向に進んでいった。アメリカはアポロ月計画のために総重量で2,800トン，長さ111mのサターンロケットを開発し，一発の失敗もなく試験のための打上げを遂行していった。そしてついに1969年3月アポロ10号が月を周回する飛行に成功し，続いて11号が7月11日にアームストロングとオルドリンは月に降り立ったのであった。その後13号が事故により緊急帰還した他は1972年8月の17号までミッシ

ョンを完遂した。

アポロ17号のあとはスカイラブとアポロ・ソユーズ共同飛行が行われたが，アポロ計画は持続的なものではなく，終りのある事業であった。1972年2月にはニクソン大統領がスペースシャトルの開発を宣言して以来，有人飛行は1981年4月のシャトルの初飛行までアメリカでは行われなかった。この間衛星通信の商業化が進み欧州のスペースラブの完成など西欧諸国の宇宙開発の地図も塗り変り，宇宙利用が前面に押し出されてくる。

一方，ソ連は1968年10月ソユーズ2号を上げて，ソユーズ1号の事故から立ちなおり，アメリカが月に行っている間にソユーズ9号は180日の宇宙滞在をしたが翌年4月にサリュート宇宙ステーションを打上げて，地球周辺の宇宙空間に長期間滞在する計画を本格的に推進しはじめた。サリュート1号は不運で，これに乗ろうとしたソユーズ10号が乗れずに帰還し，続いて11号で22日間をすごした3名の乗組員が帰還途中，空気がもれて，着陸したときは死亡していたという事故がおこった。しかし，サリュート6号からは順調で7号は1986年に打上げられたより大型のミールとともに編隊飛行をして地球をまわっている。237日の長期宇宙飛行の経験などから，ソ連では人間が無重量状態に無期限にさらされても回復しうるのではないかと考えられつつある。

2 宇宙利用に対する諸外国の現状

宇宙利用を本書ではライフサイエンスと材料関係に限っているので，この現状についてこれまで行われた計画を主として使った設備という点からまとめておく。

2.1 スカイラブ[5]とサリュート[6]

これら二つは将来おそらく宇宙利用の初期の実験室として歴史に残ることになるだろう。ソ連はミールの完成によって新時代を迎えつつあり，サリュートは古いモデルになりつつある。スカイラブはすでに10年以上昔の実験室であるが，いまだにアメリカの有人飛行の記録保持者である。

2.1.1 スカイラブ

スカイラブはアポロ計画を予定より3飛行分減らして余ったハードウエアを用いて実現した一種の宇宙ステーション計画である。しかし，いくつかの点で本格的なステーションに必要な機能を持っていなかった。特に地上から補給ができなかった。また推進機能も乗員を運んでくるアポロ宇宙船の機械船にたよることにしていた。

スカイラブの特徴はその大きさである。図1.2.1[7]には主な構成図が示されている。①のアポ

2 宇宙利用に対する諸外国の現状

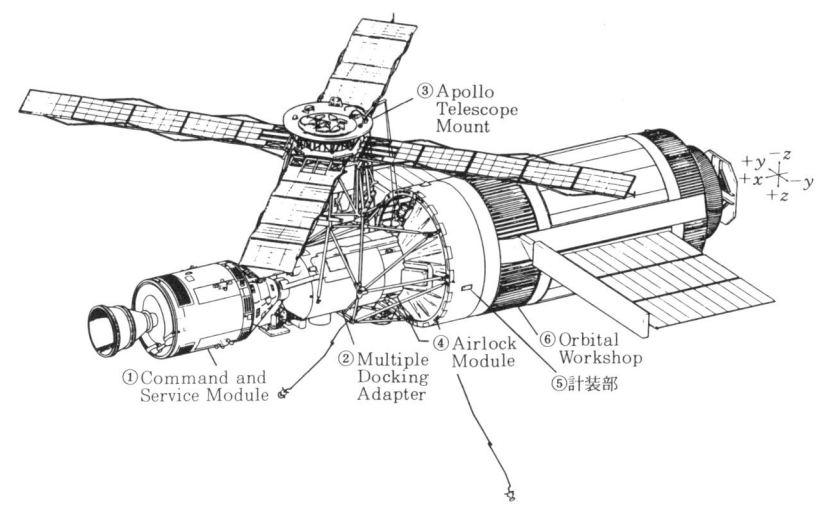

図 1.2.1　スカイラブの概念図[7]

ロ司令船はスカイラブに搭乗するための輸送手段である。②はドッキングアダプターでスカイラブを一軒の家に例えるならば玄関と勝手口を一緒にしたような所である。これはアポロ司令船がドッキングするための装置とアポロ望遠鏡架台の制御装置が入っている。③はアポロ望遠鏡架台という名の太陽観測用の8つ望遠鏡が搭載されている。外側のわくは太陽電池のパネルとなっていて，太陽光照射中は約12kWの電力を発生することができる。④はエアロック部といわれるが，この中には電力系，環境調節，データシステムなども含まれており，有人宇宙船の中枢的な機能が含まれている。⑤は計装部で，打上げロケットの一部として使われたものが残っている。⑥が軌道作業所といわれる部分で乗員が生活したり，作業をしたりする。実験室としても使われ，スカイラブ全体の倉庫でもある。これは元来，サターンロケットの3段目で本来なら液体水素と液体酸素のタンクとして用いられるものからのまま残っている。直径は6.9m位あって長さは14.6m位あり，その中の液体水素用のタンクだった所は三角格子の床で区切られて二階建てになっている。ここに居住室と実験室がある。作業室の外側には太陽電池があって，これも12kWの発電能力がある。

　全部つないだ大きさは長さ35m，重量は90.6トン，居住室の容積は354立方m，地上の家屋でいえば150m²位の家と同じである。

　スカイラブの主目的は，

第1章 宇宙開発と宇宙利用

・地球資源の観測
・太陽と星に関する知識の増進
・無重量状態下で材料処理の研究
・人間の宇宙飛行能力の理解と基礎生物医学過程の理解

の4つであった。ここではその3番目の項目が直接の関心事である。スカイラブの実験項目の分類ではこの分野は「宇宙テクノロジー」プロジェクトとしてまとめられている。

その一覧表は表 1.2.1 [5)] に示す通りである。材料実験の中の中心的な装置は次の二つである。

表 1.2.1 スカイラブで行われた宇宙技術関連実験

Material Science and Manufacturing in Space
　M 479　Zero-gravity Flammability
　M 512　Materials Processing in Space
　M 551　Metals Melting
　M 552　Sphere Forming
　M 553　Exothermic Brazing
　M 555　Gallium Arsenide Crystal Growth
　M 518　Multipurpose Electric Furnace System
　M 556　Vapor Growth of II-VI Compounds
　M 557　Immisciple Alloy Compositions
　M 558　Radioactive Tracer Diffusion
　M 559　Microsegregation in Germanium
　M 560　Growth of Spherical Crystals
　M 561　Whisker-Reinforced Composites
　M 562　Indium-Antimonide Crystals
　M 563　Mixed III-V Crystal Growth
　M 564　Halide Eutectics
　M 565　Silver Grids Melted in Space
　M 566　Copper-Aluminum Eutectic
Zer-Gravity Systems Studies
　M 487　Habitability/Crew Quarters
　M 509　Astronaut Maneuvering Equipment
　M 516　Crew Activities and Maintenance Study
　T 002　Manual Navigation Sightings
　T 013　Crew/Vehicle Disturbance
　T 020　Foot-Controlled Maneuvering Unit
Spacecraft Environment
　D 008　Radiation in Spacecraft
　D 024　Thermal Control Coatings
　M 415　Thermal Control Coatings
　T 003　Inflight Aerosol Analysis
　T 025　Coronagraph Contamination Measurements
　T 027　ATM Contamination Measurements

2 宇宙利用に対する諸外国の現状

(1) M 512 材料処理装置

直径 40 cm の球形真空容器に電子ビーム装置（$20\,\mathrm{kV} \times 80\,\mu\mathrm{A}$）がついた基本構成で電子ビームは取り出し口のハッチの入口に平行に移動できるようになっている。真空容器には円筒形の電気炉がついているがこれは GaAs 結晶成長実験のためのものである。真空容器からは電力と計測用ケーブルが取り出せる。16 mm カメラが記録用として組付いている。

(2) M 518 多目的電気炉システム

名前の通り多目的で M 556 から M 566 まで 11 の実験をすることができる。この電気炉は三つの温度ゾーンを持っている。定温ゾーンは 1,000 °C までの高温を保つことができる。次のゾーンではセンチメートルあたり 200 °C から 20 °C までの温度勾配を実現することができる。そして冷却ゾーンではサンプルから出て来た熱を外部に逃すようにできている。宇宙飛行士は温度のセットができて 2 つのタイマーで高温保持時間と冷却速度を決めることができる。温度条件をきめるもう一つの要素は実験標本を入れるカートリッジである。いろいろな実験はカートリッジによって処理された。

なおこの中の M 561 ウィスカー強化複合材料の研究は日本の提案によるものであった。

表 1.2.1 の中でゼロ重力システム研究は宇宙利用に人間が関与するときのデータを得ようとしたもので，無重量状態下で人間の作業能力がどのように変化するか等という点を研究するもので，材料実験や地球観測のデータあるいは実施者の質を評価する上で重要であり，実験や観測そのものと補充的な意味をもっていた。こうした研究はサリュートでも行われているのが興味深い。

2.1.2 サリュート Ⅵ 号

サリュートは宇宙ステーションとして設計されているが，スカイラブよりは小型で，その打上げの頻度ははるかに高い。すなわち Ⅰ 号は 1971 年 4 月に打上げられて 175 日間で落下した。次いで 1973 年 4 月と 1974 年 6 月に Ⅱ 号，Ⅲ 号が打上げられたが，これら二つは軌道高間が低く，それぞれ 55 日と 214 日で落下し，軍事用だったという説もある。

Ⅲ 号がまだ軌道上にある 1974 年 12 月に打上げられた Ⅳ 号は，2 年あまり飛行し，3 組の乗組員のグループがここで働いた。続いて Ⅴ 号は Ⅳ 号が軌道上にある 1976 年 6 月に打上げられて，やはり 3 組のグループが乗込んだ。

サリュート Ⅵ 号（図 1.2.2）はその後 1977 年 9 月に打上げられて異例の長期間ミッションをはたすことになったが，これは本格的な宇宙ステーション活動であった。この Ⅵ 号の活動はすでに公表されているので以下には，この記録によって宇宙利用関係の活動をまとめる。

なお，この後 1982 年にサリュート Ⅶ 号が打上げられ，1986 年にはやや大型のミール宇宙ステーションが打上げられて同一軌道を相前後して飛行し，乗組員が二つのステーションの間を行き来して二つのステーションの世話をしている。これは今後の複数の宇宙船から成る宇宙ステー

第1章　宇宙開発と宇宙利用

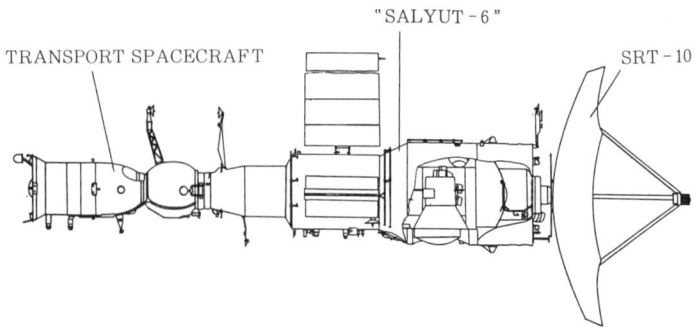

図1.2.2　サリュートの概観図

ションシステムの可能性を証明したものである。

<サリュートⅥ号での材料実験[6]>

「宇宙材料科学技術」と題する研究では「クリスタル」と「スプラブ」という二つの炉が用いられた。これによると「クリスタル」炉は気密室内にあって，試料を入れた容器は直径12 mm長さ165 mmで加熱温度は400～1,200 °C, 試料を機械的に動かすことによって温度を変えたり勾配を作ることができる。冷却は換気による。

一方「スプラブ」炉は温度はやや低く500～1,000 °Cであるが，試料の直径は20 mmまでとれて量も多い。加熱は時間によってプログラムされ真空エアロック内にあるので，冷却は放射による。

これらの炉を用いた実験は150テーマにのぼり，約250種類の試料が作られた。これらの実験の主目的は，

①無重量状態下での物理的，化学的，工学的過程の基礎研究

②新材料製造のための可能性と技術開発についての研究

ということであった。その内容は半導体材料の製造で，その材料はゲルマニウム単結晶, GaAs, InSb, InAs, CdS のほか超電導材料の NbAlBe などが含まれていた。

ソ連はフランスとの共同実験「エルマ」(Elma) 計画では，これらの炉を用いて低重量状態下での異物質の結晶生成が研究された。特に SnPb や AlCu の合金の溶融と冷却中の拡散過程の研究や酸化バナジウムの単結晶の生成が行われた。これらは後でプログレス輸送船によって届けられた。

サリュートⅥ号では「イスパリテル」(Isparitel) という装置が同じくプログレスによって持込まれたが，これは宇宙空間で真空蒸着によってコーティングや薄膜を作ろうとするものであった。

2 宇宙利用に対する諸外国の現状

イスパリテルは電子ビームを用い，重量 25 kg，電力 500 W を消電する程度の装置であった。

「ロトス」(Lotos) という装置はラトビヤ共和国の科学アカデミーが開発したもので，無重量状態の下で発泡ポリウレタンを作ったり，この応用として複雑な形をした発泡材を作ってみるというテーマが実験された。

サリュートの実験のうち，かなりな部分を生物学実験が占めている。研究対象は高等植物，下等植物，微生物，昆虫，脊椎動物，組織培養，高分子微生物におよんでいる。とくに重要なことは，これらの研究はサリュートのために準備されたものというよりも，それ以前から有人・無人の宇宙船において行われてきた実験の一部として行われており，サリュートⅥ号では人手の要る実験を扱っているということである。

人手の要る作業の例としては種子をまく，植物に水をやる，そして自ら植物を食べてみるといったような作業がある。サリュートで持っていった装置のほかプログレスといわれる補給や試験済みの材料を地上に運搬する輸送船によって，新しい装置が次から次と持込まれて実験された。植物の栽培器には 0 g から 1 g までの人工重力を回転によって作り出す「グラビスタット」といわれる装置が用いられた。

2.2 スペースラブとスペースシャトル

1981 年 4 月にスペースシャトルが初飛行した後，有人の宇宙実験がより頻繁に行うことができるものと期待され，そのためのいろいろな施設が計画された。その中にはスペースシャトルの船内を利用するもの，スペースシャトルに搭載している施設の中で実験などを行うもの，あるいはスペースシャトルで運んでいって軌道上に放出した後機能するものがある。放出する場合はスペースシャトルを単にロケット代りに打上げるためだけに使っているので，本来スペースシャトルの必要はない。ここではスペースシャトル本体あるいは搭載した状態で利用する施設およびそれらを用いたいくつかのプロジェクトを紹介する。

2.2.1 スペースシャトル乗務員室[8]

スペースシャトルの標準的な飛行時間は 5 日から 1 週間程度なので長時間の宇宙環境実験には不向きであるが，短時間ですむ実験にはむしろ便利である。

中部乗組員室（ミッドデッキ）（図 1.2.3[8]）は広いので実験装置をここに搭載して実験室代りに使用できる。代表的な実験はマクダネル・ダグラス社の電気泳動実験装置である。これはスペースシャトルの第 4 回の飛行で初飛行を行っている。

スペースシャトルの利用は NASA と共同研究の合意ができた研究のみが可能である。

2.2.2 スペースラブ[9]

スペースシャトルの主たる任務（ミッション）はその大きな船倉（ペイロードベイ）の中に搭

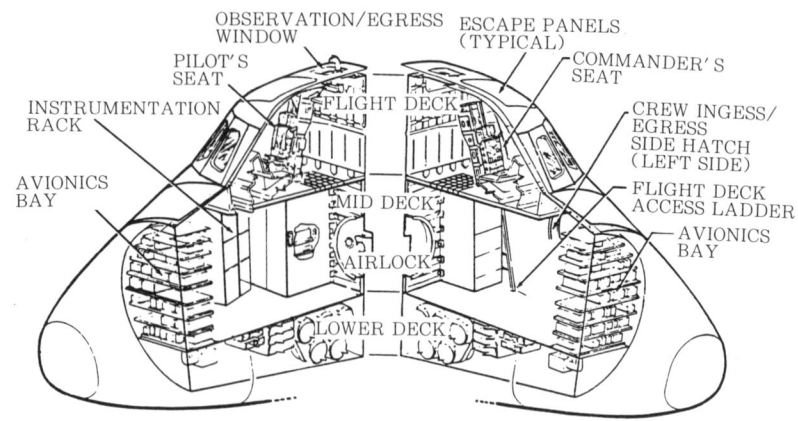

図 1.2.3　スペースシャトル乗員室

載して実施される。ペイロードベイは人工衛星をはじめ宇宙への輸送あるいは，宇宙からの回収を行うために作られているので，中は 4.6^ϕ × 18 m の空間となっている。重心の位置が許せば 6^ϕ 万 5,000 ポンド（約 29.5 トン）の重量まで打上げられ，14.5 トンのものを持ち帰ることができる。

しかし，この船倉は宇宙実験には不便なので，ここに搭載したまま利用する宇宙実験室が必要となり，国際協力計画として欧州がこれを開発した。それが「スペースラブ」と呼ばれる施設である。スペースラブという名称はもちろんスペース・ラボラトリー（宇宙実験室）という一般名称からきている。

スペースラブは直径 4.2 m の気密室と無蓋貨車のような長さ 2.8 m のパンフレットと呼ばれる二つの要素から成り，飛行ごとにこれらの要素を組合せて使用する（図 1.2.4[9]）。スペースラブは生命維持装置をはじめ電力や熱制御などはスペースシャトルに供給してもらい，それらを用いて実験装置が機能するような設備をユーザーに提供する。スペースラブで実験する研究者はスペースシャトルの乗組員として打上げられ，軌道上に上ってから，ハッチを通じて実験室に入る。実験結果などはスペースラブのデータ処理装置を経由し，シャトルの通信システムを使って NASA の管制センターに送られる。

これまでに飛行した主なスペースラブのハードウエアを用いたミッションは次の通りである。

2 宇宙利用に対する諸外国の現状

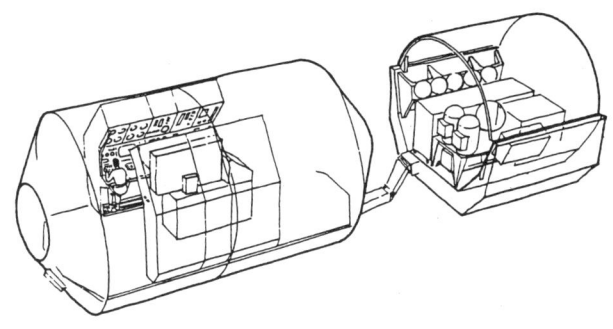

図1.2.4　スペースラブのモジュールとパレット
(材料科学のミッション例)

(1) STS-3(スペースシャトルの第3回飛行のこと) OSS-1 ペイロード

OSSとはNASAの宇宙科学局(Office of Space Science)のことで，OSSのシャトルによる第1回実験という意味である。このペイロードはスペースラブのパレットに9つの研究テーマを行う装置を取りつけたものである。9つのうち，3つは太陽や星の観測，4つは環境測定に類したもので，残り1つは微研磨面の実験，1つが植物実験であった。

(2) OSTAミッション (STS-4)

OSTAミッションはNASAの航空宇宙地球環境局(Office of Space & Terrestrial Application)の計画したもので合成開口レーダーによる地上観測を主とした機器をスペースラブのパレットに搭載し，パレットの機能を確認した。

(3) スペースラブ1 (1983年11～12月)

スペースラブの第一回の飛行で主目的はスペースラブの機能の検証であったが，その有用性を確認するためになるべく多様な実験や観測項目をのせるので大変複雑なミッション計画となった。わが国からは「粒子加速器による宇宙実験」(いわゆる人工オーロラ実験)が参加し，電子ビーム加速器プラズマ加速器をはじめ本格的な装置が搭載された。このミッションはNASAとESAの共同計画として計画されたもので，リソースを等分に分割して行われた。日本はNASAとの共同研究として搭載されたものである。このミッションではロングモジュールの気密室とパ

第1章　宇宙開発と宇宙利用

レット1個が使用され，材料実験から生物医学，地球観測までほとんどすべての分野の研究が盛り込まれた。

(4) スペースラブ2

順番では2であるが3よりもあとに行われた。これはスペースラブのパレットのみから成る天体観測を主としたミッションで，それ以外のものはライフサイエンスの2テーマとテクノロジーとして液体ヘリウムによる超流動の実験があっただけである。この実験はほとんど自動的に行われた。

(5) スペースラブ3

これは低重力ミッションと呼ばれ，1号と同じくロングモジュールとパレット各1個から成っていた。研究テーマは大別すると4つで，すべてNASAのOSTAあるいはOSSのものである。第1は材料製造で，溶液中の結晶成長，ヨウ化水銀結晶の気相で成長そして液化水銀の化学輸送による結晶成長の三つの実験が行われる。後で述べるようにこれらは装置のテストも兼ねている。第2は理工学実験で，音響浮遊装置による液滴の安定性に関する実験と高等動物の生命維持装置を含むライフサイエンスの実験から成る。第3は環境観測で大気圏観測と惑星大気中のダイナミクスを実験する装置を使った実験そして第4は宇宙物理学に関する実験であった。

(6) D-1ミッション

スペースラブを西ドイツが借り切って行ったミッションの第1号がD-1ミッションである。スペースラブハードウエアの構成はロングモジュール1個にパレット1個で，スペースラブ1や3と同じである。搭載した機器はスペースラブ1で用いた材料実験用ダブルラックと新たに追加されたMEDEAという材料実験用装置である。MEDEAは主として高精度調温炉，温度勾配炉，溶接装置，イメージ炉として成り，既存のものと同じくダブルラックに納められている。この他の装置はライフサイエンスのダブルラックとスペースラブ1では乗せられなかった医学研究用の「そり」という装置がのせられた。なおパレット上には後述するMAUSとNASAのOSTA-1のMEAが搭載されていた。

(7) IML

NASAが国際材料科学実験室（IML）という名前でスペースシャトルを用いて行おうとしているミッションは参加者が装置を持って参加し，それを米国の科学者にも半分以上使わせてくれる場合にその搭載費用をNASAがもつという制度で，目下日本を含む外国に参加を呼びかけているものである。

2.2.3　MSL[10]等

スペースラブのペイロードベイ全体が主たる利用者によって占められていないとき，NASAはいくつかの方法でペイロードを追加する。MSL（Material Science Laboratory）はその中では

比較的まとまった単位のもので，ペイロードベイの1/4のリソースを使用する。その基本となっている構造物はOSTAでも用いられたMPESSというスペースシャトル搭載用支持構造物に電力，熱，データサービスなどのサブシステムを搭載し，それに3つの実験課題が搭載できるようにしたものである。利用できるリソースはペイロードベイに割当てられた量の1/4で，3つの実験で利用できる仕組みである。現在のところ，飛行回数が少ないのでどのような評価を得ているかは計り難い。ただし，名称とは違って提供されるサービスはごく一般的なリソースだけで材料実験用の特別な装置が利用できるわけではない。

MEAもMPESSをベースとしており，MSLはむしろMEAから発展したもののようである。

2.2.4　GAS[11]

ゲッタウェイスペシャル（Get-Away-Special）の略である。実験装置はNASAの支給するGASの容器の中に各自で実験装置を設計して組込み，安全性の審査を受ける。その後は順番待ちで，早いものから順番にシャトルのカーゴベイの中に搭載される。容器の大きさは直径50.8 cm，長さ70 cmの円筒で，熱制御のサービスはなし，電力も原則として自蔵，スペースシャトルでやってくるのは実験開始のスイッチ・オンその他2, 3の項目ぐらいである。

わが国では朝日新聞社が無重量状態下での雪の結晶実験を行ったのが最初である。同社はこの後2回実験を行った。その打上げ費用はわずか1万ドルということもあって，技術開発実験も行われているが，これはあまり大きくは報道されていない。しかし，企業化を目指した研究が企業レベルでいくつか行われている。GASを用いた宇宙利用実験プロジェクトの代表例的なものはMAUSである。

MAUSはGASを用いた西独の計画でMaterial Autononous Science Experimentsの略である。

MAUSは10個のGAS容器の中で行う一連の実験である。MAUS-1〜4計画があって，それぞれGASのコンテナーを2, 3, 2の3個用いている。MAUS計画は1985年のスペースラブD-1ミッションに最後のMAUS-4が搭載されて計画は完了している。

2.2.5　フリーフライヤー

スペースシャトルによって打上げや回収は行われるが，より自由な条件で実験ができるように考えられたのが，シャトルから放出して自由飛行（フリーフライ）をする施設である。この種の計画としては欧州のユーレカ，アメリカのリースクラフト，わが国の「宇宙実験・観測フリーフライヤー（SFU）」などがある。

(1)　SPAS[12]

西独のMBB社の開発したフリーフライヤーで電力にはバッテリーを用いていることからも分るように短期間のミッションを考えており，3点支持方式でスペースシャトルに搭載される主構

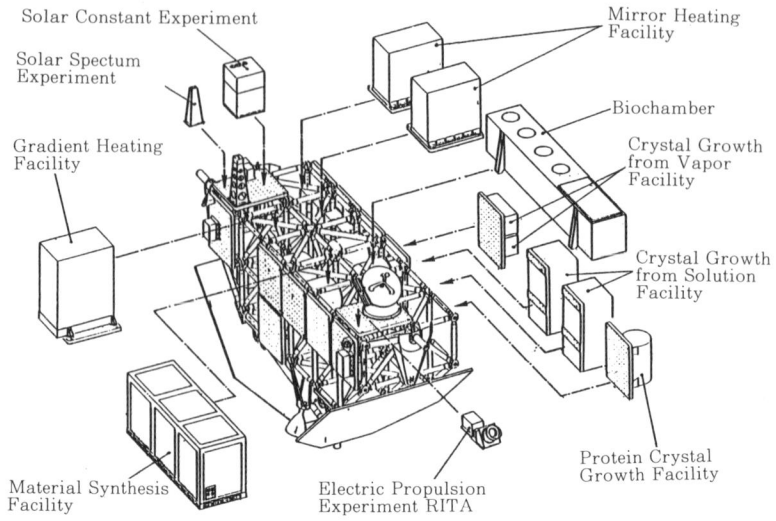

図1.2.5　ユーレカのシステムとペイロード搭載例[13]

造はIMLで用いられているものとよく似ている。

(2) ユーレカ (EURECA)[13]

しばしば欧州のSDI計画である同名のプロジェクトと間違えられるが，このユーレカはEuropean Retrievable Carrierの略である。図1.2.5[13]はその外観である。

重量は3.8トン，ペイロードは1.3トンである。電力は出力5kWでペイロードは連続1kW，ピーク1.7kW利用できる。姿勢は太陽指向で，主としてマイクログラビティ実験に用いられ，g レベルは$1 \times 10^{-5}g$以下である。データは欧州局に直接送る方式が主であるが欧州の衛星で中継することもできる。この場合通信容量は1.5 kbps記憶容量は128 Mbである。

ユーレカは1988年3月スペースシャトルによって初飛行する予定であったが，チャレンジャーの事故によって大幅に遅れるであろう。

ユーレカに搭載される実験装置には次のようなものがある。

AMF：自動試料交換式イメージ炉
SGF ：溶液成長装置
PCF ：タンパク質結晶成長装置
MFA：複数炉ユニット

2　宇宙利用に対する諸外国の現状

ERA：生物曝露実験装置
HPT：高精度高温炉
SFA：精性測定装置

(3)　リースクラフト[14]

アメリカのフェアチャイルド社がNASAへのリスト用として計画したが，会社の都合で中止になった計画である。このシステムは飛行実績のある人工衛星であるソーラマックス（SMM）ランドサット4およびDの技術をベースとしている。姿勢は3軸制御で，全重量は22トンもあって，これまでのフリーフライヤー計画の中では最大である。このうちペイロードが15.5トンを占める。通信はTDRSを結由し，6カ月以上10年以内の飛行ができる。

本計画の特色は名前の通り，民間でこれを作ってNASAあるいはその他のユーザーに貸出す方式で，もともと民間の材料実験や製造のユーザーをあてこんだものであった。

(4)　実験・観測フリーフライヤー（SFU）

これは，わが国の計画で最近宇宙開発委員会で文部・通産両省および科学技術庁が参加して共同開発する方針が議論された。詳しいことは第3節でのべる。

2.2.6　ロケット利用

数百秒程度の低重量状態を作り出す方法としてロケットの弾道飛行がある。これによって行われた研究は数多いが最も系統的なものは次の2つであろう。

(1)　SPAR

NASAのマーシャル宇宙飛行センター（MSFC）の担当した計画で，ロケットはブラックブラントVCで打上げ，能力はペイロードが120kgのとき，高度370kmで低重力環境の得られる時間は約8分間である。

この計画では，1,100℃まで加熱できる汎用炉，急冷可能な電気炉，方向性凝固炉，電磁浮遊装置と音波浮遊装置など14種類の実験装置が作られ，これらは回収して何回も使えるような設備として計画された。

(2)　TEXUSとMASER

西ドイツがスウェーデンの観測ロケット射場エスレンジで観測ロケットを使って行っている実験でロケットはイギリスのブラックブラントで高度260kmまで上昇して降下しパラシュートで回収される。低重量環境持続時間は約6分間である。1978年から81年にかけて4機の飛行が行われた。

主な装置としては，1,450℃までの汎用炉，音波浮遊式均熱炉，2種類の流体物理実験装置，イメージ炉，温度勾配炉などがある。

またこの実験はスウェーデンとの共同実験であり，ESAもこれに参加した。一方スウェーデン

はこの実験の一部をMASERという名称で自国の計画として実施している。

2.2.7 落下塔

地上で無重量状態を得る最も手軽な方法は自由落下や航空機による放物運動である。航空機による方法はNASAにおいて宇宙飛行士の訓練のために専用のKC-135が常時使用できる。これは放物運動によって約20秒間の低重量状態を作り出せる。地上に設置した落下装置で有名なものはNASAのルイス（Lewis）研究センターにある地下のたて穴で深さが有効150 mあって片道落下式で6秒，下から上げて降ろす往復式で約12秒の無重量状態が得られる。この装置は真空槽になっていて空気抵抗によって生じるgをへらしている。NASAのマーシャル宇宙センターには地上の落下塔があって，これは空気抵抗をリニアモーターによってキャンセルする方式を採用している。無重量状態の持続時間はルイスセンターのものよりも少し長い。

3 わが国の宇宙利用の動向

わが国が諸外国と比べて特に目立った点はないが，とくに見劣りするということもなく，諸外国のいくつかの計画にも参加し，全般的にカバーしているという点では一国の活動としては盛んであるといえよう。まず組織的な面を要約した後前節と同様に利用手段別にこれまでの成果と実施段階に入っている計画について概述する。

3.1 研究活動と組織

ロケットと人工衛星の分野では宇宙科学分野を宇宙科学研究所が，実利用分野は宇宙開発事業団が開発を行うという点で比較的簡単な組織割りが決まっていたが，宇宙利用はこの組織にとらわれずに発展してきたので組織形態が大変複雑である。

3.1.1 科技庁関連

金属材料研究所がスカイラブの材料実験に参加しヒゲ結晶複合材料を成功させた。おそらく，これが最も古い日本での宇宙実験であろう。その後も研究のリーダー的存在となっている。

宇宙開発事業団はTT-500AロケットとFMPTを通じて，国内では最大の計画実施組織となっている。またFMPT関連では科学技術庁傘下の財団法人等が研究に協力している。

財団法人宇宙環境利用センターは今後の宇宙ステーションへの参加など多様化する協力関係の窓口として通産省と科学技術庁が中心となって設置された。

日本マイクログラビティ応用学会はこの種の学会としては，国内で唯一である。これは主に，FMPTの研究者を組織して科技庁の音頭とりで1983年に発足した。事務局は日本学会事務センターにある。

3.1.2 宇宙科学研究所（宇宙研）と大学

FMPTで文部省の研究費を支給される研究者は宇宙研を窓口としている。宇宙研は国内の大学研究者の共同利用であるために宇宙利用シンポジウムなどを開いている。

3.1.3 通産省

宇宙関連産業育成という立場から宇宙産業室が中心となって，宇宙環境利用の検討が盛んである。省内に懇談会があって，フリーフライヤーの利用など積極的な姿勢をなしている。傘下の企業法人や財団法人の研究活動が盛んである。最近，無人宇宙実験システム研究開発機構がフリーフライヤーの受け皿として設置された。

3.1.4 民間

財団法人である宇宙環境利用センターと無人宇宙実験システム研究開発機構の他，株式会社宇宙環境利用研究所が61年度に発足した。

また研究グループとして国内の商社グループが次のような名称で調査や研究を行ってきた。

宇宙基地計画研究会（三井系）

スペースステーション利用研究会（三菱系）

宇宙基地総合利用研究会（日商岩井系）

スペースステーション利用懇談会（住友系）

宇宙基地利用推進研究会（丸紅系）

3.2 国内の計画

3.2.1 スカイラブ以前

(1) ウィスカー強化複合材料

金属材料研究所から提案され高崎仙之助が行った研究である。これは多目的電気炉を使った研究の一つとして行われ，予想通り炭化ケイ素のウィスカーが銀とアルミニウムの中に浸潤された。

(2) 落下式による燃焼実験

昭和30年頃に東大の熊谷清一郎が世界ではじめて行った無重量状態下での液滴の燃焼実験で，今日でも有名である。

(3) 航空機による医学実験

佐伯 は航空機の放物飛行によって人体のうける影響を測定している。

(4) 減重量下での運動エネルギ代謝の測定

昭和46年佐伯らは吊り上げ式無重量状態シュミレーターで月面歩行を模擬しエネルギー代謝を測定した。

(5) 落下式による生物挙動の観測

1974年，長友信人らが金魚とめだかを落下式の無重力状態を作り観測し，スカイラブの実験と比較した。

3.2.2 スペースシャトル

(1) GAS

わが国で最初のGASの利用は1983年に朝日新聞社が行った人工雪の実験である。この実験は2回行われて2回目に所期の成果を得ている。1985年4月には日本電気（NEC）が無重量状態下で水滴に金属球をあてる実験を行った。この時は材料実験も行われた。

計画中のものではエレクトロニクス材料関係の実験で一つ，また，ライフサイエンスの関係で一つ予定されている。

(2) スペースラブミッション1

スペースラブの第一号ミッションは必ずしも宇宙利用だけとは限られていないが，同一基準で機器が設計されている。

スペースラブ1号にわが国から参加した科学実験は宇宙科学研究所教授大林辰蔵らのSEPAC（シーパック）であった。これはNASAのミッションの一つとして応募し採用されたもので，電子加速器，MPDアークジェット，プラズマ計測装置およびこれらを支援する高圧電線，バッテリー充電装置などが作られた。飛行は1983年11月〜12月であった。

(3) FMPT[15]

科学技術庁が1988年に打上げることを目標として計画しているもので，スペースラブの半分ないし1/3を作って材料およびライフサイエンスの実験22テーマ，ライフサイエンス12テーマ，合計34テーマの選択は終って機器の開発が進んでいる。これらのテーマと提案者および代表研究者の氏名等は表1.3.1に示す通りである。

FMPTで計画されている装置は一般的なものでFMPT後も使用できるものが多い。それらは次のようなものである。

①共通実験装置

  連続加熱型電気炉

  高温加圧型電気炉

  イメージ炉

  音波浮遊炉

  電気泳動装置

②特殊実験装置

  流体物理実験装置

3 わが国の宇宙利用の動向

表1.3.1 第一次材料実験(FMPT)の実験テーマ(その1)

テーマ番号	テーマ名	テーマ提案者	代表研究者
M-1	狭バンドギャップ三元混晶半導体鉛錫テルル単結晶の無重力下における結晶成長	NTT・研究開発本部長　城水元次郎	NTT・武蔵野通研　山田智秋
M-2	無重力下における帯溶融法によるPbSnTe大形単結晶の試作	理化学研究所理事長　宮島龍興	理化研・レーザ科研G　瀬川勇三郎
M-3	浮遊帯域溶融法による化合物半導体結晶の作製	科技庁・金材研所長　中川龍一	科技庁・金材研構造制御研究部　中谷功
M-4	新超電導合金の溶製	科技庁・金材研所長　中川龍一	科技庁・金材研筑波支所長　太刀川恭治
M-5	複合脱酸した鋼塊中の脱酸生成物の生成機構	科技庁・金材研所長　中川龍一	科技庁・金材研エネルギー機器材料研究部　有富敬芳
M-6	粒子分散型合金の作製	科技庁・金材研所長　中川龍一	科技庁・金材研エネルギー機器材料研究部　高橋仙之助
M-7	二種の溶融金属の相互拡散および凝固生成する合金,化合物の組織と構造	科技庁・金材研所長　中川龍一	科技庁・金材研材料強さ研究部　星本健一
M-8	ガラスの高温挙動	京大・工・教授　曽我直弘	京大・工学部　曽我直弘
M-9	シリコン球結晶の成長とその表面酸化	東大・工・教授　菅野卓雄	東大・工学部　西永頌
M-10	非混合合金系の凝固・成長に関する研究	東工大・工・教授　高橋恒夫	東工大・工学部　高橋恒夫
M-11	高剛性・超低密度炭素繊維/アルミ合金複合材料の製造研究	東工大・名誉教授　梅川荘吉	東工大・精密工研　鈴木朝夫
M-12	液相焼結機構の研究	東大・工・教授　小原嗣朗	東大・工学部　小原嗣朗
M-13	無重力下におけるSi-As-Teアモルファス半導体の製造	阪大・基礎工・教授　浜川圭弘	阪大・基礎工学部　浜川圭弘
M-14	無重力下における気相金属凝結機構の研究	名大・理・講師　和田伸彦	名大・理学部　和田伸彦
M-15	音波浮遊装置内での液滴の挙動と音波干渉履歴の研究	科技庁・航技研所長　武田峻	科技庁・航技研宇宙研究G　山中龍夫
M-16	温度勾配および超音波定常波のある場における泡の挙動の解明	科技庁・航技研所長　武田峻	科技庁・航技研宇宙研究G　東久雄
M-17	非可視域用光学材料の研究	通産省・工技院・大阪工業技術試験所第一部長　守屋喜郎	通産省・工技院・大阪工業技術試験所　早川惇二

(つづく)

第1章　宇宙開発と宇宙利用

テーマ番号	テ　ー　マ　名	テーマ提案者	代表研究者
M-18	無重力下での材料製造過程におけるマランゴニ対流の研究	石播重工(株)技術研究所部長　瀬崎和郎	石播重工(株)技術研究所　塩冶震太郎
M-19	無重力条件下における共晶系合金の凝固に関する研究	千葉工大・金属工学科　教授　大野篤美	千葉工大・金属工学科　大野篤美
M-20	無重力下におけるサマルスカイトの合成	科技庁・無機材研所長　後藤優	科技庁・無機材研第13研究G　竹川俊二
M-21	無重力環境下における有機金属結晶の成長	通産省・工技院・電子技術総合研究所・主任研究官　安西弘行	通産省・工技院・電子技術総合研究所　安西弘行
M-22	無重力環境下における化合物半導体結晶の作製（In Ga As の研究）	光応用システム技術研究組合 技術部長　佐久間伸夫	住友電工(株)研究開発本部　村井重夫

第一次材料実験（FMPT）の実験テーマ（その2）

＜ライフサイエンス関係テーマ＞

テーマ番号	テ　ー　マ　名	テーマ提案者	代表研究者
L-1	搭乗者の内分泌系の反応および代謝変化	名大・環境医研・教授　松井信夫	名大・環境医研　松井信夫
L-2	無重力順応過程における視－前庭性姿勢・運動制御の研究	名大・名誉教授　御手洗玄洋	名大・環境医研　森滋夫
L-3	生体成分の無重力下での電気泳動法による分離条件の確認	阪大・医・助手　黒田正男	阪大・医学部　黒田正男
L-4	宇宙空間における視覚安定性の研究	愛知学院大・文・教授　苧阪良二	愛知学院大・文学部　苧阪良二
L-5	無重力を利用した酵素の結晶成長	京大・食糧科研・教授　森田雄平	京大・食糧科研　森田雄平
L-6	哺乳類培養細胞の超微構造と機能に及ぼす無重力の影響に関する研究	東京医科歯科大・歯・教授　佐藤温重	東京医科歯科大・歯学部　佐藤温重
L-7	骨と軟骨の発生と成長に及ぼす無重力の影響	昭和大・歯・教授　須田立雄	昭和大・歯学部　須田立雄
L-8	フリーフロー電気泳動による細胞の分離	東京医科歯科大・難治研・助手　山口登喜夫	東京医科歯科大・難治研　山口登喜夫
L-9	HZEおよび宇宙放射線の遺伝的影響	京大・放射線生物研・教授　池永満生	京大・放射線生物研　池永満生

(つづく)

3　わが国の宇宙利用の動向

テーマ番号	テ　ー　マ　名	テーマ提案者	代表研究者
L-10	無重力環境での知覚－動作機能の研究「手動制御特性の研究」	科技庁・航技研所長 武　田　　　峻	科技庁・航技研・調布飛行場分室 多　田　　　章
L-11	宇宙放射線の生物への影響の検討と宇宙飛行士の放射線防御対策の開発	宇宙開発事業団宇宙実験G総括開発部員 荒　　卓　哉	宇宙開発事業団宇宙実験G 長　岡　俊　治
L-12	アカパンカビを用いた概日性リズムの研究	東大・理・助教授 三　好　泰　博	東大・理学部 三　好　泰　博

・液滴マニピュレーション実験装置
・金属微粒子生成実験装置
・球結晶成長実験装置
・前庭機能実験装置
・有機金属結晶成長実験装置

3.3　宇宙実験・観測フリーフライヤー（SFU）[16]

　スペースシャトル等によって軌道に輸送され，放出されて自由飛行を行い，後で回収されるような飛行体を通常の人工衛星と区別してフリーフライヤーと呼んでいる。フリーフライヤーは宇宙ステーションと編隊飛行を行い，基地本体から消費材の補給や実験試料や生産物の回収などのサービスをうけることもある。

　現在わが国で考えられているフリーフライヤーは宇宙科学研究所が検討してきたSFU（Space Flyer Unit）と仮称されているものをベースとして通産省と科学技術庁が参加した形で行われようとしている計画である。

　SFUはトラスの8角形の主構造に6個のペイロード収納箱（PLU）をとりつけることができる。またこの箱の中に入り切れない大きなペイロードは中央の穴と上部のスペースに入るように取付けることができる（図1.3.1[16]）。

　各ペイロード箱は平均160Wの電力が供給され，通信データはスペースシャトル経由の場合，最大12kbpsまで，また地上と直接通信するときは約100kbpsの容量がある。

　現在最初の飛行は1993年春のH-Ⅱ-3号機によって打上げられスペースシャトルによって回収されることになっている。主なペイロードは宇宙ステーションの曝露部の一部分の試験，材料・生物実験，大型展開構造物電気推進などである。

第1章 宇宙開発と宇宙利用

3.4 ロケット

小型で自動化できる場合短時間の無重量状態は弾道飛行をするロケットによっても実現できる。わが国ではこのために使用できるロケットが2つある。一つはTT-500A型ロケット、もう一つはS-520型ロケットである。

3.4.1 TT-500A型ロケット

このロケットは2段式で打上げ後1分余りで(高度約160km)無重量状態となり、頂点高度260kmの弾道飛行に入り、高度100km位まで実験が可能である。この間の時間は約7分である。その後実験装置の入った頭胴部はパラシュートで緩降下し、海上に浮遊して回収される。

宇宙開発事業団はこのロケットを用いて、昭和55年9月から6回の実験を行い、うち4回回収に成功している。この実験では金属の溶融実験やアモルファス半導体の製造実験などが行われた。

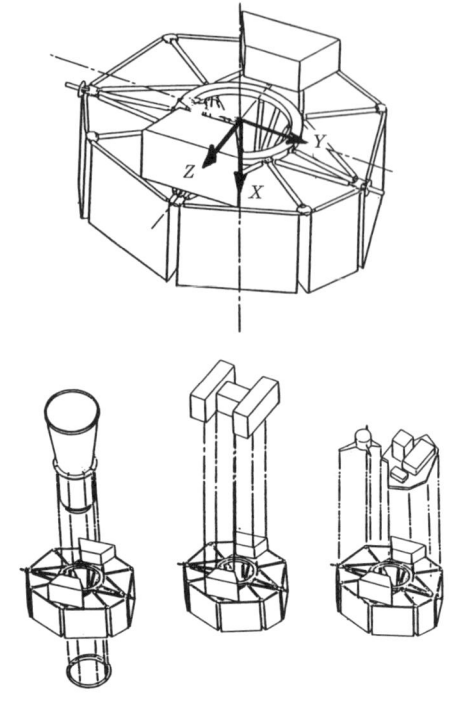

図1.3.1 宇宙実験・観測フリーフライヤーの全体構成(上)と大型ペイロードの搭載方法(下)[16]

3.4.2 S-520ロケット

S-520ロケットは一段式でTT-500Aとほぼ同じ無重量状態が得られ、回収される。これは宇宙科学研究所が内之浦から打上げて同じように海上で回収しているが、材料実験に使用された前例はない。打上げの頻度は年一回ぐらいである。

3.5 その他の方法

地上でより手軽で安価に行う方法が小規模ながら実施されている。

3.5.1 航空機

航空機による無重量実験が材料実験の予備実験に用いられた例はFMPTの実験を三菱重工が共同研究として行ったものがある。これにはMU-300型ビジネス機を用いて行われ、20秒間ぐ

らいの低重量状態を作り出した。低重量の実現の制約は航空機の低重量下での機能上の制約による。

3.5.2 バルーン

バルーンにより大気密度のうすい上空まで実験装置を上昇させ，切りはなして自由落下させると約20秒間低重量環境ができる。宇宙科学研究所の三陸大気球観測所では，これまで数回にわたってこの実験を行っている。

3.5.3 落下塔

落下塔は計画はされているが未だ実用化されていない。最も大きな構想は大成建設の提案によるSGEPで，直径4.5 Mのパイプが V 字型になった真空タンクを地中に埋設し，この中に直径2.4 m から0.6 m までのパイプ8本を通す。この中をカプセルが落下し，U字管でまげられて上昇する。この上下の部分でそれぞれ20秒間の無重量状態を作ろうとするもので，カプセルの運動の制御はリニヤモーターによって行う。深さは 2,000 m である。

4 宇宙利用の将来と問題点

宇宙利用の宇宙開発の一つの側面である。今後宇宙利用がどのように発展するかは宇宙開発全体の発展とともに考える必要があろう。

4.1 宇宙インフラストラクチュア[17]の形成

これからの宇宙計画と過去の宇宙計画の違いはその事業形態の違いになるであろう。すなわち，過去の宇宙計画はプロジェクトという単位で実行されてきた。これは期限と予算を区切って一つの成果をあげる方法で，アメリカが得意とする方法である。本文中でも出てきたマーキュリー，ジェミニ，アポロ，スカイラブなどはその典型的なものである。わが国でもロケットや人工衛星の開発ではこの方法がとられており，成功している。

しかし，今後の計画は終りのはっきりしない，継続的な事業となる傾向が強い。それは宇宙における活動の基盤（インフラストラクチュア）の整備ということができる。図1.4.1[17]にはそのようなインフラストラクチュアの一例が示されている。

その基本になるものは地球と宇宙の間の輸送機関である。この図では低高度軌道と地上の間を一つの輸送方式で，また低高度軌道と静止衛星軌道あるいは月までを軌道間輸送手段という形で分離している。また，低高度軌道に展開する要素を結ぶ輸送手段も OMV などとして示されている。

輸送上に展開されている要素は右端がいわゆる NASA の宇宙基地であり，これが宇宙インフ

第1章 宇宙開発と宇宙利用

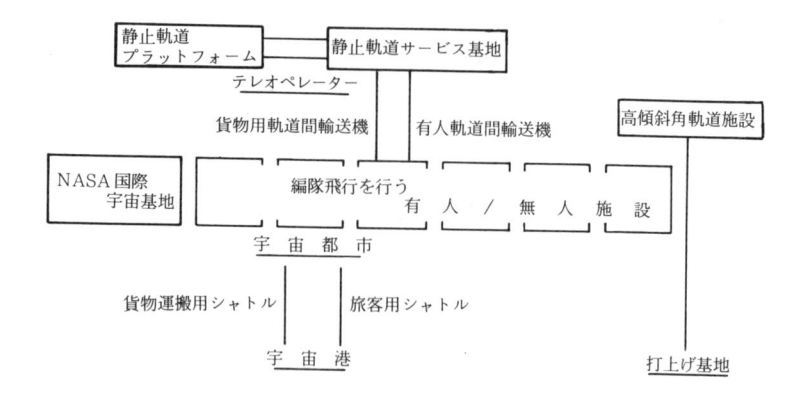

図1.4.1 2005年～2010年における宇宙都市の基盤構造[17]

ラストラクチュアの公共施設に相当する。宇宙工場など専門の施設はこれと並んでおり，同じ軌道上を運動しNASAの宇宙基地の支援を受ける。これら総合すると宇宙都市とでもいうべきものの姿が浮び上がる。

4.1.1 宇宙ステーション

宇宙ステーションは先にも述べたように宇宙のパイオニアの夢であったが，その実現はむずかしかった。とくにNASAの宇宙ステーションの歴史がこのことを物語っている。ともかく1983年にNASAは正式に次期プロジェクトとして取り上げて，欧州（ESA）と日本に協力を呼びかけた。1985年には正式にプロジェクトのフェイズB（定義段階）となり，日本は実験モジュールを使って参加するという方針で予備設計を行っている。

宇宙ステーションは発展的（evolutional）なシステムと見なされている。すなわち宇宙ステーションは単一の宇宙飛行体ではなく，フリーフライヤーなど複数個の飛行体から成る宇宙システムであることが強調される。── これは上記インフラストラクチャーの形成の前提となっている。右側には各種のフリーフライヤーがあるが，これは宇宙ステーションの初期研究段階で，一つの飛行体としての宇宙ステーションの中にすべてのミッションを収容することがむずかしいことから分離されたものである。分離されたものの中の典型的なものは精密な姿勢の制御を必要とする観測，とくに低重量環境を必要とする実験，そして強力なエネルギーを使用する理工学実験などである。

これらのフリーフライヤーの施設と本体の間を結んでいるのがOMVやOTVなどである。これらは宇宙インフラストラクチュアの一部を成すものである。

4 宇宙利用の将来と問題点

4.1.2 宇宙輸送

宇宙利用の将来は宇宙に行く手段すなわち宇宙輸送の発達しだいといってもよい。その尺度は宇宙へ行くために必要な経費である。スペースシャトルははじめ計画段階では宇宙へ輸送する荷物1kgあたり10万円位を狙ったが、結果的には60万円になってしまった。これは1ドルが250円としたときであるが、米国内の通貨基準をベースとしても1桁違い誤算である。このスペースシャトルの「運賃」は従来の使いすてのロケットに比べてやや安いという程度である。

宇宙輸送の費用を安くするためには、使い捨てでなく再使用型にするとともに、くり返し必要となる運用のための経費を少なくする必要である。究極的な宇宙輸送機は1段式で有翼帰還のできる「宇宙飛行機」である。しかしその実現までには、二段式の有翼ロケットが必要だという説もある。また、打上げ時の重量に対して、宇宙に運ぶことのできる重量の比をとったいわゆるペイロード比を打上げロケットのパラメータと見なせば、再使用型では、それは1％がふつうである。これに対して使い捨てのロケットは4.5％にもなる。おそらく、将来の大型の貨物用ロケットは使い捨てでペイロード比をかせぎ、旅客用「宇宙飛行機」はペイロード比は小さくとも再使用に重点をおいた設計をするであろう。

4.1.3 スペースコロニー

ジェラード・オニールの提唱したスペースコロニーは余りに有名であるから、簡単であるが、ふれない訳にはいかない。スペースコロニーは1974年にフィジックス・ツデーに発表されたが、もともとのアイデアはプリンストン大学の学生に「地球は高度技術をもった生物にとって適した生存の場所か？」という問題を課したときにはじまる。学生達の答は「地球の重力は必要ない」といい、小惑星の資源によって、地球の表面と同じような環境を自力で作ってしまえばよいということから、大気と地表面を直径6km、長さ30kmの円筒形の空間の中にとじ込めた構想をだしたのである。

このアイデアは人々に賛否両論をまきおこした。しかし、一つだけいえることはオニールのスペースコロニーは今日の宇宙開発の規模に比べるとあまりに巨大である。したがって、それは一つの方向を示すものであるが、必ずしも、そのままの形で実現するものとは考えられていない。

4.2 宇宙利用の経済性

宇宙利用は他の分野と同じく投資に対して利益がどのくらいあるかという観点で価値が決まってくる。問題は投資は金額としてはっきりしているが利益の方は必ずしも商品を売るような形では勘定できない点である。

4.2.1 情報産業

その一例は各種地球観測である。天気予報は明らかに人々に利益をもたらしているが、その大

きさを金額として表わすことはむずかしいし，もし表わせたとしても，それだけの金額が具体的に気象衛星のシステムにフィードバックされるわけではない。

比較的簡単なのは通信衛星であって，衛星の建造，打上げ費用，さらには保険金までコストの算出がしやすい。一方，収入の方も，電話の通信料金のように金額として表わしやすいのが特徴である。

4.2.2 材料とエネルギー

宇宙利用の花形といわれる材料実験は未だ経済性を論じるだけの実績がない。すなわち，これまでの宇宙利用はすべて情報に関するものであった。しかし，材料実験は宇宙において材料に付加価値を与えることを意味し，物質とエネルギーの入ってくるいわば一次産業に近いものを宇宙で行っていることになる。物質の輸送からいえば現在の宇宙輸送システムはまだまだ不十分なものであるし，宇宙のエネルギーについては，今までその可能性すらまじめに取り上げられたことがない。そういう意味で，今すぐにこれからの宇宙利用の経済性の評価はできないというのが正しいだろう。

文　献

1) F. I. Ordway Ⅲ, M. R. Sharpe, The Rochet Team pp12～20, Crowell, 1979
2) R. E. Bilstein, Stages to Saturn, NASA SP-4206, pp7～11, 1980
3) R. E. Petersen, Man in Space, Vol. One, Petersen, 1974
4) L. S. Swenson, Jr. et al., This New Ocean, A History of Project Mercury, NASA SP-4201
5) L. F. Belew, E. Stuhlinger, Skylab, A Guidebook, NASA EP-107
6) Y. P. Semenov, V. P. Legostayev, The Salyut-6 Scientific Research Laboratory, IAF 80-D-282, 1980
7) NASA TM X-64808, MSFC Skylab Program Engineering and Integration, NASA/MSFC, 1974
8) Space Shuttle Transportation System, Rockwell International 1980 (Press Information)
9) Spacelab User Manual, ESA, 1979
10) MSL Users Handbook, NASA/MSFC, 1985
11) STS. Smell Self-contained Payload Program "Getaway Special", NASA 1977
12) D. E. Koelle, Economy of Small Reusable LEO Satellite Platforms, IAA-81-225, 1981
13) R. L. Mory, et al., European Retrievable Carrier-An Evolutionary Approach towards European Space Platform, IAF 82-11, 1982

文　献

14)　The Leasecraft System, Fairchild Space Company（年不詳）
15)　第1次材料実験（FMPT）テーマの概要，宇宙開発事業団スペーシャトル利用委員会，昭和59年8月
16)　長友信人，栗木恭一，小型宇宙プラットフォーム，昭和61年度宇宙利用シンポジウム，宇宙科学研究所　1986
17)　山中龍夫，21世紀宇宙活動とPacific Space Port, 通信情報新時代，近藤鉄雄　1986　pp 186〜211

第 2 章 生命科学と宇宙利用

第2章　生命科学と宇宙利用

佐藤温重*

1　宇宙における生命科学の課題

　スペースシャトルその他の宇宙輸送技術の進歩により人類は6カ月以上の長期にわたり宇宙船内にあって宇宙に滞在できるようになり，また宇宙基地等の建設も現実のものとなってきた。宇宙は無人探査の時代から無人および有人飛行による宇宙利用時代へと向かっている。

　宇宙における生命科学は初期段階では有人飛行の安全性確認のための生物学的研究であり，宇宙で行う生命科学といった程度のものであった。しかし，30年間にわたる知識の集約から宇宙生命科学としての体系化が進められている[1]。

　宇宙生命科学は次のような領域から成り立つ。
1) 圏外生物学
2) 宇宙生物学
3) 宇宙医学
4) 宇宙農学・閉鎖生態系
5) 宇宙生命工学
6) その他

　1),　4),　5)は第3章において述べられるので，本章では2)を中心に総説する。

1.1　宇宙生物学の課題

　宇宙生物学は元来，宇宙を利用した生物学実験という意味で用いられ現在その体系化は十分なされているとはいえない。しかし，従来の地上の生物学は地球環境に存在する生物についての限られた知識しか提供しえなかったことを考えると，宇宙をも含めた環境に視点をおいて生物の本質あるいは物質 — 宇宙 — 生命の発展の解明を行うことは，地上生物学の発展を進めるばかりでなく，地球も含めた宇宙に適用できる普遍的法則を樹立することが可能であり，より普遍性を有する生物学としての宇宙生物学の存在意義がある。

　地球上の生物は誕生以来 35億年の長年月の間，地球環境を一種の淘汰圧として系統を引き継

---

*　Atsushige Sato　東京医科歯科大学　歯学部

第 2 章　生命科学と宇宙利用

ぎ分岐し進化してきた。淘汰圧の解放がしばしば生物種の多様化を導いたことは地球上の生物の歴史の示すところである。この淘汰圧の解明はいわば地球環境からの離脱となる宇宙への生物の進出の前に解決しておくべき課題であり，未解決のまま宇宙へ進出することは不適当であろう。地球環境因子の淘汰圧としての潜在力，生物進化への関与の解明には地球環境因子が除去された宇宙において，しかも地球環境因子を人為制御しうる宇宙実験室での研究が極めて有用である。宇宙生物学の課題には次のようなものが考えられる[2]。

1.1.1　重力感受—応答機構の解明

　生物は環境の特性に適応することにより生存が可能となっている。生物はそれをとりまく生物的環境と無機的環境と生態系をつくっているが，大気，土壌，重力，光，水などの無機的環境因子の中で重力は最も一定した，また普遍的な環境因子である。その他の因子は生物進化の間に変化したが重力は一定であった。生物は重力定位で進化してきた。重力は生命の形態を指令し，運動，移動の全体を規定してきた。生存しえた適者としての生物は重力を感受し，自己の位置を重力空間との関係により認識し生存してきたといえる。ヒトをはじめ生物は重力を感受する機能を有し，重力を利用して生理機能を維持している。

　重力の効果をその他の環境因子の効果から分離して明らかにするには，無重力環境を利用する以外に方法はない。

　地上では遠心機を用いて過重力を得ることはできるが $1 \times g$ 以下の低重力を長時間得ることはできない。宇宙において人工重力を加えることによってはじめて生命と無重力，重力の関係の解明が可能となる。その中で最も優先させるべき課題は重力感受の分子機構の解明であろう。

　動物における重力の受容器は平衡器とよばれ，一般に平衡石と感覚毛から成り立っている。脊椎動物の平衡器には卵形のうと球形のうがあり，それらの中に感覚毛があり平衡石に接しており重力方向あるいは加速方向を受容する。重力受容は有毛細胞により行われ耳石から加えられる感覚毛の変形が刺激となり，有毛細胞は受容器電位を生じる。有毛細胞以外に身体各部の筋紡錘なども重力に対する定位にとり重要である。昆虫は関節にある感覚子により姿勢を制御する。クモ類は平衡胞と関節の感覚子を欠くが重力方向と関連して網をはる。また原生動物のゾウリムシは走地性を示すが，クモ，ゾウリムシ等の重力感受機構は不明である。平衡器からの感覚入力は中枢神経系において重力以外の受容器からの入力と統合される。重力感受と中枢における統合，効果器への情報伝達のメカニズムの解明は重力生物学の中心課題である。重力感受機構は，宇宙飛行の際に認められる宇宙酔が無重力下における平衡感覚の異常に原因すると考えられており，宇宙医学上も重要な課題である。

　植物における重力に対する応答は重力屈性であり，幼植物の幼根は下方に，幼茎は上方に生長する。植物の重力応答は植物の形態形成上重要な因子である。根の重力屈性は地上において植物

を水平に傾ける等の実験により研究が行われ，4つの素過程，すなわち植物の根の，あるいは茎の先端近くにある重力感受部における重力刺激の感受段階，物理作用の化学情報への変換段階，生長制御因子の不均等分布段階，重力応答部位における生長制御因子不均等分布による偏差生長段階があることが明らかにされている[3]。無重力場における研究は植物の重力受容，刺激伝達，応答の機序に，地上模倣実験では解明できない未知の問題を提起するであろう。また，宇宙基地など長期の宇宙滞在においては水，空気の再生，補給のためControled Ecological Life Support System（CELSS）の開発が必要である。炭水化物，脂肪，タンパク質は植物から補給することになり，植物の正常な成育を達成することが必須となる。形態形成に重要な役割を有する重力感受機構の研究はCELSSや宇宙における食料生産の立場からも大きな課題である。

1.1.2 生殖，発生，分化に及ぼす無重力の影響

有性生殖を行う生物では卵母細胞，精母細胞の成熟分裂の過程を経て，卵子あるいは精子が形成される。卵子は大型の細胞であり重力の影響を受けやすく，進化の過程で重力が卵子の大きさの制限因子となった可能性がある。また卵子形成，排卵は視床下部－内分泌系の機能により制御されており無重力はこれらの系を介して間接的に卵子に影響を与える。

両生類の卵は植物半球と動物半球に区別されるが植物半球には比重の大きい卵黄が偏在する。精子は必ず動物半球に侵入し，受精が成立し受精膜が形成されると卵表面と受精膜の間にすきまができ，卵は回転できるようになり，植物半球は重力側に位置する。将来の胚の正中面は精子侵入点を含み動物極と植物極をむすぶ面である。精子侵入点の正反対側に胚の形成中心となる灰色新月環が形成される。地上において受精卵の植物極の位置を人為的に変化させた模倣無重力条件下では異常胚を生ずる[4]。

発生初期は一般に外因の影響を受けやすく無重力下での器官形成を詳細に研究する必要がある。特に器官の正常な発生と成熟には一定の刺激が必要であることが知られており[5]，無重力下での平衡器や自己受容器（筋紡錘など）へ重力刺激の入力のない状態は，これらの器官の異常形成と，脳における中枢形成の不全の可能性があり，重要な課題である。

植物は土壌に固着して生育する期間が生活環の大部分を占めるため発芽，栄養生長，生殖生長に至る生活環における形態形成と分化は動物に比し環境因子の影響が大きい可能性がある。宇宙農業生産の可否は宇宙環境における植物の正常な生育が鍵となることからも植物の発生，分化に及ぼす宇宙環境の影響の研究は重要な課題である。

1.1.3 生理，代謝，適応に及ぼす宇宙環境の影響

宇宙環境，とくに無重力は生体の機能に影響を与える。宇宙飛行士に認められた障害として平衡感覚の異常に主として起因する宇宙酔や，地球上で重力に抗して下肢から心臓へ体液を押し上げていた力により生じる体液の頭部への異常分布，尿量の増加，電解質の喪失，骨カルシウムの

減少,筋萎縮などが報告されている。心循環系の変化や体液移動による電解質代謝変化は数日から1カ月半程度で正常になるが,骨カルシウムの減少は滞在中継続する[6]。無重力は生理機能に多様な変化を与えているのでその原因の解明に関連した動物生理学的研究は,宇宙医学と協力して優先させるべき課題である。

宇宙生物学は動物の生理,行動,リズムに宇宙環境がどのような影響を与えるか,生物は無重力などの宇宙環境に適応できるかについてより基礎的な研究を行う。

植物の重力屈性については前述したが,植物の生長運動の一つである回旋運動,転頭運動に対する宇宙環境の影響の研究は,これら運動が自律的か環境因子の刺激かを明らかにする上で鍵となる。この他光合成,窒素同化作用に対する長期の宇宙環境の影響についての解析は,植物学上重要であるばかりでなく,宇宙農学との関連においても重要な課題である。

1.1.4 宇宙放射線の生体影響

宇宙放射線の生物に対する影響は,宇宙に生物が進出し長期滞在する場合明らかにしておくべき課題である。放射線の影響は線量の計測によっては解決できない問題があり,生物効果を明らかにする必要がある。特に,宇宙放射線に特有な高エネルギー負荷電粒子(HZE)は,LET(Linear Energy Transfer)が大きいため,X線やγ線に比して生物に対し大きな影響を与える可能性があり,被曝線量の計測と生物影響の検討を行い,適当な防護対策を施すための基礎をつくらなければならない。また,宇宙線の線量は,軌道傾斜角と関係し角度が大きいほど増加するので,この面からの検討が必要である。

放射線の生物効果は,急性障害としての白血球減少,晩発障害としての発癌,あるいは次世代への遺伝影響がある。地上において,宇宙線の成分である中性子の実験で,中性子はX線やγ線に比較して数倍,突然変異誘発率が高いことが知られており,培養細胞,ショウジョウバエ等を用いて宇宙放射線の影響を調査することが必要である。また,宇宙放射線の細胞分裂,受精卵の発生に及ぼす影響についての研究も重要である。

1.1.5 宇宙医学生物学的研究

宇宙有人活動の機会の拡大する中で,人間が宇宙に進出したときの人体の安全性は,解決しなければならない基本課題である。

人間の生命維持を可能とする宇宙船内の人工環境を得るために,温度,空気組成,圧力,放射線防御,等が設定されているが,現在の宇宙船内に滞在したとき,種々の障害が生ずることが報告されている。宇宙船内人工環境の完備のために環境医学的研究が重要である。

宇宙における人体の生理学的変化として,体液の下半身から上半身への移動,骨と筋の不活化,刺激感受の変化による感覚系異常である宇宙酔,等が知られている[6]。また,宇宙滞在の長期化にともない,宇宙放射線の障害防止も無視することができない。宇宙医学の研究課題は,宇宙環

境に対する生理反応の原因，諸障害発症のメカニズムの解明，さらにその治療法ないし予防法の確立である。

宇宙基地時代を迎えて，滞在期間の長期化，搭乗者の多様化が予想される。そのため，今後生理学的問題のみでなく，心理学的，社会学的問題を生じ，宇宙における作業に重大な支障を起こす可能性があり，これに対応するための研究も課題となる。

2 これまでの宇宙生物科学実験

2.1 アメリカミッションによる実験

宇宙生物科学実験は，有人および無人の宇宙飛行体を用いて行われてきた。それらの成果はNASA[7]~[17]，Bjursted[18]の出版物に，また宇宙バイオテクノロジーについてはCogoli[19]，宇宙医学生物学についてはNicogossianら[6]，Johnstonら[20]，Holmquist[21]の出版物に集録されている。宇宙実験の初期には有人衛星で行われた研究はなく，本格的な生命科学実験はスペースラブやスペースシャトルが運行されてからといってよいであろう。

表2.2.1に初期の生物実験（除く医学研究）の概要を示す。用いられた装置は単純で，アンプルに微生物と培地を入れ恒温器におく程度のもので，人の実験操作はなく飛行期間も短く宇宙環境下で生物が生存し増殖しうるかを明らかにするには不十分なものであった。

1967年に打ち上げられたBiosatellite Ⅱには，アメーバ，小麦種子，アカパンカビ，大腸菌が搭載され放射線の影響が調査され，2日間の宇宙飛行ではこれら生物に影響がなかった。しかしペッパープラントはアミノ酸代謝に変化があり，ネズミチフス菌（*Salmonella typhimurium*）では，増殖の促進が認められた。カエル卵は飛行の影響を認めなかった。

Biosatellite Ⅲには，生命維持装置に入れたpigtailed monkeyが搭載された。8.5日の飛行後に帰還したが脱水，電解質の平衡異常で8時間後に死亡している。

Apollo 16, 17, Apollo-Soyuz Test Projectには最初の高度な装置の1つであるBiostack Ⅰ, Ⅱ, Ⅲがそれぞれ搭載され，アメリカとヨーロッパの研究者30～40名により，宇宙放射線の種々生物に対する影響についての研究が行われている[10]。

Biostackは，微生物，卵，植物種子をポリビニルアルコール中に包埋し，写真乾板の間にはさみ生物効果とともに放射線の照射部位と軌跡を検出できる宇宙放射線生物学上最初の高度の装置である。帰還後，種子，卵を地上実験室で飼育することにより宇宙飛行後のトウモロコシの種子は成体まで育つが，黄色の異常な部分のある葉が出現し，またホウネンエビ（*Artemia salina*）の卵は成体まで発生したが腹部と胸部に重度の異常があった。しかし微生物には宇宙飛行の影響を認めなかった。

1973年から74年に打ち上げられたSkylab 2, 3, 4の宇宙飛行はこれ以前の飛行に比較し長

第2章 生命科学と宇宙利用

表2.2.1 米国ミッションに搭載された生物

ミッション	年	飛行期間	生 物 試 料
Discoverer XVⅡ	1960	3日間	ヒト結膜細胞, 滑膜細胞 *Chlostridium sporogenes* クロレラ ヒトγ-グロブリン ウサギ抗血清
Discoverer XVⅢ	1960	3日間	ヒト羊膜, 結膜, 胸骨骨髄, 滑膜単球, 白血病, HeLa, ニワトリ胚細胞 トウモロコシ種子 *Chlostridium sporogenes*
Discoverer XXXⅡ	1960	3日間	アカパンカビ
Mercury 5	1961	34時間	チンパンジー
Gemini 3	1965	5時間	ヒト血液 ウニ卵
Gemini 8	1966	11時間	カエル卵
Gemini 11	1966	3日間	ヒト血液 アカパンカビ
Gemini 12	1966	4日間	カエル卵
Biosatellite Ⅱ	1967	2日間	カエル卵 スズメバチ ホウネンエビ ショウジョウバエ アメーバ ムラサキツユクサ コショウ 小麦苗 酵母菌 大腸菌 アカパンカビ サルモネラ菌
Biosatellite Ⅲ	1969	8.5日間	サル
OFO-1(A)	1970	6日間	ウシガエル
Apollo 14	1971	9日間	DNA, ヘモグロビン, 色素
Apollo 16	1972	11日間	ショウジョウバエ ホウネンエビ バッタ卵 線虫類幼虫 原生動物シスト アラビドプシス種子 枯草菌 酵母菌 大腸菌T-7ファージ *Chaetomrum globosum, Trychophyton terrestre, Rhodotorula rubra*

(つづく)

2 これまでの宇宙生物科学実験

ミッション	年	飛行期間	生 物 試 料
Apollo 17	1972	12日間	マウス
Skylab 2	1973	28日間	枯草菌
			大腸菌
Skylab 3	1973	59日間	ヒト肺WI 38細胞
			キルフィッシュ
			クモ
			イネ苗
			カナダモ
			抗原/抗体
Skylab 4	1973/74	84日間	カナダモ,枯草菌,大腸菌
ASTP	1975	9日間	ヒト,ウマ,ウサギ赤血球
			ヒトリンパ球,腎細胞
			ラット骨髄,脾,リンパ節細胞
			キルフィッシュ胚
			ホウネンエビ
			タバコ種子
			アラビドプシス種子
			トウモロコシ種子
			枯草菌
			Streptomyces levoris
			Tribolium confusum

期間となり,微生物,イネ苗,カナダモ,哺乳類培養細胞,クモ,キルフィッシュ,抗原/抗体などが搭載され,またこれまでのものに比して極めて精巧な装置が使用されるようになった。例えばSkylab 3に搭載された全自動細胞培養装置Woodlawn Wanderer 9を軌道上で12時間間隔で培地を供給し廃液を吸引し,細胞の生時の形態を16mmの位相差顕微鏡映画で記録することができる。また細胞を決められた時間に5％グルタルアルデハイド液で固定するほか生きたまま細胞を地上に帰還させるなどの機能を有している。この他免疫学用拡散板,顕微鏡が使用された。

Montgomeryら(1973)[22]は上述のWoodlawn Wanderer 9装置でヒト胎児由来2倍体細胞WI-38を培養し,Skylab 3に搭載して59日間の飛行中における細胞増殖,細胞周期,分裂指数,染色体,超微構造,培地成分等について地上対照のそれと比較した結果を報告している。それによると飛行群の細胞はS字曲線を描いて増殖し地上対照群と同様である。細胞周期の回転は飛行群 22.3 ± 3.1 時間,地上対照群 20.4 ± 4.8 時間であり,また細胞移動量は飛行群 37.25 ± 20.8,地上対照群 $34.7 \pm 22.5 \mu m/hr$ でいずれも両群有意な差が認められない。飛行後の培地の分析は Na^+,K^+,CO_2^-,全タンパク,アルブミン,Ca^{2+},ブドウ糖,アルカリ性ホスファターゼ等について行われ,ほとんどの項目が対照群と同一であるのに対し,ブドウ糖量は飛行群の培地では93mg％で地上対照群の75mg％に比して多いという結果を得ている。しかしその原因は説明されていない。固定細胞の電子顕微鏡による観察では培養初期ではリボソーム,ミトコンドリア,細胞内網

第2章　生命科学と宇宙利用

状構造が特に細胞質の中心付近にあり，周辺部には微細管，マイクロフィブリルがあるが，培養後期では細胞質に空胞が多数出現し，ミトコンドリア，リソソーム，細胞内網状構造が減少し，微細管，マイクロフィブリルは増加する。これらの所見は地上対照群でも培養細胞の密度の増加したとき認められることであり，無重力の影響ではないとしている。36℃で12日間培養してのち22℃で保持して，細胞を生きたまま帰還させ地上で継代し，細胞の核型，染色体のバンドについて試験を行ったが地上対照と差がないという。Montgomeryらは限られた実験の結果からではあるが，$0 \times g$環境はWI-38細胞に対し影響を与えないと結論している。

キルフィッシュは変則的遊泳を行い，イネ苗は生長が不規則であった。微生物は一般に増殖が促進されコロニーが大型化し，抗生物質に対する感受性は高くなった。

シャトルを用いた生命科学実験が1981〜1986年にわたり行われ，微生物から哺乳類，藻類から高等植物に至る種々の生物種が搭載された。

それらは，
1) 宇宙飛行士の健康管理，医学的問題に関する研究
2) 動物，植物の形態，生理，行動に対する宇宙環境，特に無重力の影響の研究
3) 細胞，組織に対する無重力の影響の研究
4) 微生物，昆虫，種子を用いて宇宙船内環境の放射線をモニターする研究

などが含まれている。

シャトル搭載実験ではNASA独自の研究に加えて，西ドイツその他の国と共同の研究が行われている。Spacelab 1はUS/ESAの共同であり，Spacelab D-1は西ドイツがスポンサーとなっている。また，NASAの実験にはアメリカの学生のためのShuttle Student Involvement Program (SSIP) や個人，私企業の実験が加えられている。

GAS (Get Away Special) と呼ばれている計画があり，60〜200ポンド入りの2.5または5立方フィートのアルミニウムの容器に電源，データ記録等の装置を収容し実験するものである。GASは打ち上げ60日前に容器をNASAに引きわたす関係上，生物実験には不適当であるが，一部の実験が行われている。実験の結果はNASAの出版物に集録されている。

STS-2〜8にて行われた植物の生理実験の成果の中で注目すべきものに次のようなものがある。

1983年3月に打ち上げられたSTS-3の7日間の飛行で，ヒマワリの種子の発芽率，根の位置，根と枝形態については地上対照群と差がないが，根端の細胞分裂数は少なく，またSTS-2の実験成果と異なり，染色体異常は認められなかった。宇宙で育てたマツ (*Pinus epliotti*) の苗は，光に向かって生長したが，mung bean (*Vigna radiata*) 苗の一部は傾斜して生長し，光が重力の代りをしないことを示した。$0 \times g$で成長した苗は根が短く，一部培地の外に向かって生長した。気相のO_2，CO_2量は，地上対照との間に差はなかった。エンバク (*Avena sativa*) の苗で

2 これまでの宇宙生物科学実験

は染色体異常が見出されたが，mung bean苗では認められなかった[23)~25)]。

STS-3ではSSIPとして昆虫の行動に関する実験が行われた。ミツバチ（ハタラキバチ），家バエ，velvet bean catarpillar mothの飛行パターン変化をみると，$0 \times g$ 下では飛行のための位置を決めることが困難にみえたが，mothでは他の昆虫より飛行に困難が少ない。数日後，昆虫は飛行せず容器の壁面にぴったりついてしまう[26)]。

1983年4月に打ち上げられたSTS-6にはGAS実験の一つとして，garden pea，ジャガイモなど40種の野菜や果物の種子が搭載され，将来の宇宙における食料生産の基礎実験が行われた。飛行した種子は物理的に破損したものはなく，帰還後すべて生存しており発芽した。苗には若干異常のものもあったが，成熟も正常であった。トウモロコシの種子で発芽率が10％減少したが，再突入時の熱の影響のためと考えられている[27)]。

1983年に打ち上げられたSTS-9すなわちSpacelab Iには，アメリカのほか，スイス，西ドイツ，イタリアの科学者の14テーマの宇宙生命科学実験が搭載された（表2.2.2）。この内訳は，人体生理8[28)~35)]，放射線生物および環境モニタ-3[36)~38)]，植物生理2[39)~40)]，細胞生物1[41)]の各テーマである。

Bückerら[36)]は放射線検出用フィルムの間にホウネンエビ（*Artemia salina*）卵，枯草菌（*Batillus subtilis*），タバコ（*Nicotianu tabacum*），*Arabidopsis thaliana*，*Sordaria fimicula*の種子一層をはさんだ"Biostocks"をモジュール内およびパレット上におき，宇宙放射線の生物および生体物質に対する影響を研究した。試験された生物は一般に宇宙飛行中良好に生存していたが，例外的にホウネンエビの卵はheavy ionが当らなかった飛行対照群でも生存率は，約50％であった。heavy ionが当った卵ではわずか5％で幼生の形成をみたが，これまでの宇宙実験の成績に比して発生が遅延している。

シャトル外の宇宙空間環境（高真空，高エネルギー放射線）の微生物に対する影響がHorneckら[38)]によって研究された。枯草菌（HA101，HA101F，TKJ6312株）の胞子を宇宙空間の真空と太陽紫外スペクトル170nm以上のピーク220，240，260，280nmに曝露し，帰還後に，生存率，突然変異頻度，紫外線障害の修復，DNAとタンパクの光化学的変化について検討した。その結果，バクテリアの生存率は，HA101, HA101F, TKJ6312株で，それぞれ62，50，46％に減少し，突然変異頻度は，1気圧対照群に比較して増加した。また1気圧下より真空下で紫外線に感受性が高かった。

Cogoli[41)]は，リンパ球の重力に対する反応について研究した。この研究は，アメリカおよびソビエトの宇宙飛行士のリンパ球の芽球化が，飛行後に低下することが報告されており，免疫系に対する無重力影響を明らかにするとともに，ヒトリンパ球の無重力に対する反応を明らかにする目的で行われたものである。ヒトリンパ球をチャンバー内で培養し，軌道上で，搭乗技術者がチ

ャンバー内にコンカナバリンAを注入し，3日後に³Hチミジンを注入し，2時間後にhydroxy-ethyl starchを注入してから凍結保存し，地上帰還後に分析を行った。³Hチミジンの取り込みで調べた結果，リンパ球の芽球化は，地上対照の3％以下に低下した。しかし，リンパ球のブドウ糖消費は，宇宙飛行により影響を受けなかった。このデータは，高重力は増殖を促進し，低重力は増殖を抑制するという，Cogoliらの仮説を支持するものであった[42]。

ヒマワリ（*Helianthus annuus*）の回旋運動に対する無重力の影響についてBrownら[39]が報告している。ヒマワリの苗を宇宙船内の人工光の下で育て，生長をビデオで記録し，無重力下でも回旋運動が認められ，ヒマワリの胚軸の回旋運動のイニシエーションと維持に重力は必要ないことが明らかにされた。

地球上の24時間周期から離脱したとき概日リズムが維持されるか否かは興味ある問題であるがSulzmanら[40]はアカパンカビ（*Neurospora crassa*）の分生子形成のリズムについての実験を行った。培養管によりアカパンカビの生長速度に変異があり，また分生子形成は地上対照群のそれと異なりリズムを示すバンドは鮮明さを欠き，周期に変動が増加していた。リズムは培養管のすべてに認められたが，一部培養管では概日リズムは消失していた。リズムが変化した原因については宇宙において24時間周期が除かれたためか，概日時計機構あるいはその発現が影響を受けたためか，この実験だけでは不明であり，追試が必要である。

1985年10月に打ち上げられたSpacelab D−1においては，西ドイツの他，フランス，イタリア，スイス，オランダ，スペイン，イギリス，アメリカの科学者による細胞機能9テーマ[43]~[51]，発生・遺伝4テーマ[5],[52],[53]，重力感受6テーマ[54]~[56]，適応3テーマ[57],[58]，知覚・動作4テーマ[59],[60]が搭載された。

Cogoliら[43]のヒトリンパ球の実験は宇宙飛行によってリンパ球の芽球化が変化するかを研究し，Spacelab 1の実験で得られた無重力による免疫系および細胞増殖の抑制を確認する目的で行われた[41]。Spacelab飛行士以外のヒトから採血した血液中のリンパ球を培養し，軌道上でコンカナバリンAを投与し，リンパ球の芽球化を³HチミジンのTCA不溶性分画へのとりこみ量によって調べた。微小重力群では³Hチミジンの取り込みは飛行1×*g*対照群の10％以下に低下していた。また，飛行士から飛行前，飛行中，飛行後に採血し血液中のリンパ球の芽球化を同様の方法で測定した実験から飛行1×*g*対照群のリンパ球の³Hチミジンの取り込みは帰還1時間後採血した血液中のリンパ球と同様に，飛行前のそれに比し著しく低下していた。血中リンパ球活性の飛行前レベルへの回復には帰還後7~13日要した。この実験は遠心による人工重力1×*g*を付加した飛行1×*g*対照群をおくことにより，Spacelab 1において明らかにされた宇宙飛行によるリンパ球活性の低下が，微小重力に原因することを明らかにしている。

2 これまでの宇宙生物科学実験

　細胞増殖に及ぼす宇宙環境の影響についての研究が Planel ら[44]により原生動物 ゾウリムシ (*Paramecium tetranrelia*) を用いて行われた。微小重力群では細胞増殖が著しく促進され，また細胞容積は飛行初期に増大し，以後 120 時間目では対照より小型化した。また飛行 $1 \times g$ 対照群では，地上静置対照群および地上遠心対照群との間に差がなかった。Salyut 6 に搭載された実験において，ゾウリムシの増殖が促進されることが報告されている[61]。しかしこの効果が微小重力の直接的効果か間接的効果かは不明であったが，飛行 $1 \times g$ 対照群を用意した Planel らの研究により微小重力の直接影響であることが明らかになった。

　Neubert ら[5]はアフリカツメガエル (*Xenopus laevis*) の胚発生と前庭系の器官分化に対する微小重力の影響を観察し，重力刺激のない条件下での重力感受器官の形成と機能を明らかにした。視覚中枢は視覚刺激が与えられている状態で最終的な機能がはじまり，また感覚器の器官形成は刺激がないと構造と機能が妨げられる。受容器は正常な機能をいとなむために刺激が必要である。したがって微小重力下における平衡器の器官形成は興味ある課題である。

　受精卵，胚，幼生を微小重力飛行群と人工 $1 \times g$ 飛行対照群とに分け，行動の観察と固定材料について帰還後に電子顕微鏡による観察を行った。微小重力下で発生した幼生は $1 \times g$ 対照群と比較し遊泳行動が著しく異なり，地上では，定位できず，なにかを中心に円形に泳いだ。この行動は 2 日以内に徐々に正常となった。微小重力飛行群と $1 \times g$ 飛行群の間で行動に差があったが，前庭重力受容器の感覚上皮 (maculas) の超微構造には差がなかった。

　Marco ら[52]はショウジョウバエ (*Drosophila melanogaster*) の胚発生，加齢について研究を行った。ショウジョウバエの発生は飛行群と地上対照群との間に著しい差があり，発生を孵化率でみると微小重力下で非常に減少しており，発生した胚は人工 $1 \times g$ 飛行群，地上対照群と比較すると 10～15％である。飛行中に産卵された卵の性比は 1：1 で X 染色体，致死突然変異の集積はなく，また第一世代の成虫の形態は完全に正常である。しかし微小重力下におかれた雄の寿命が短くなり，地上対照 ($1 \times g$) 群 27 日，地上遠心 ($1.4 \times g$) 群 26.5 日に対し，飛行 ($0 \times g$) 群 23.5 日，飛行 ($1 \times g$) 群 31.5 日であった。雌では寿命に微小重力の影響は認められなかった。この実験からショウジョウバエの発生は卵形成が行われている時期に微小重力の影響を受けることを示している。

　Bücker ら[53]は *Carausis morasus* の胚形成と器官形成に及ぼす宇宙飛行の影響を明らかにするために，ステージ I から V の発生段階の胚を用いて HEZ 粒子の被曝と関連して，孵化率，生長，奇形発生率等について検討した。宇宙環境の影響は発生段階により異なり，発生終期のステージ IV と V ではすべて正常に孵化したが，発生初期のステージ I～III では HEZ 被曝卵では孵化率の減少ないし遅延があり，非被曝卵でも軽度の変化があった。ステージ II 卵が最も感受性が高かった。人工 $1 \times g$ 飛行群では HEZ 粒子の被曝，非被曝にかかわらず，正常に孵化した。この

第2章 生命科学と宇宙利用

表2.2.2 スペースシャトルに搭載された生物試料

フライト	日　時	日　数	生　物　試　料
STS-9 Spacelab 1	1983	11日間	ヒマワリ ホウネンエビ 枯草菌 タバコ アラビドプシス ソルダリア（*Sordaria fimicula*） ヒトリンパ球 アカパンカビ
STS-61-A Spacelab D-1	1985	8日間	哺乳類形質細胞 ヒトリンパ球 アフリカツメガエル ショウジョウバエ ナナフシムシ（*Carausius morosus*） ゾウリムシ トウモロコシ レンズマメ コショウソウ（*Lepidium sativum*） クラミドモナス 枯草菌 変形菌（*Physarum*） 大腸菌

表2.2.3 コスモス，バイオサテライトに搭載された生物試料

フライト	日　時	日　数	生　物　試　料
Cosmos 110	1966	22日間	犬 キャベツおよびレタスの種子，タマネギの種と球根 クロレラ，大腸菌
Cosmos 605	1973	22日間	ラット
Cosmos 613	1973	61日間	フタマタタンポポの種子
Cosmos 690	1974	22日間	ラット タマチョレタス
Cosmos 782	1975	19.5日間	ラット，ショウジョウバエ レタスおよびタバコの種子 ホウネンエビの卵，ニンジン腫瘍組織，ニンジン胚細胞 グッピーおよびキルフィッシュの卵，バクテリア，菌類，動物細胞，カメ
Cosmos 936	1977	18.5日間	ラット ショウジョウバエ（幼虫および成虫） フタマタタンポポ，トウモロコシ ヒゲカビ
Cosmos 1129	1979		ラット ショウジョウバエ 日本ウズラの卵 レタスの種子

結果は放射線の影響が重力環境と関連することを示すものであり、今後詳細な研究が必要である。

Perbalら[56]はレンズマメ（*Lens culinaris* L., cv. Verte du Puy）の根の重力受容について研究した。レンズマメの苗の根を25〜35時間微小重力下で栽培すると正常に生長した。根の生長速度は微小重力群のものは人工1×gおよび地上対照群よりわずかに遅いが有意差はない。しかし根はいろいろな方向に生長し、重力方向に一定に生長する1×g対照および地上対照と異なっていた。飛行群のstatocyteは正常な極性を有し近位の細胞壁近くに核があり、遠位の細胞壁近くに小胞体があるが、澱粉形成体amyloplastの分布は細胞の近位半分にあり、極性はなく、極性のある1×g対照と異なっていた。

Mergenhagen[46]はクラミドモナス（*Chlamydomonas reinhardii*）の概日性リズムについて研究した。宇宙飛行中にクラミドモナスの野生株（wt+）と短周期突然変異株（S-1.2）はいずれも概日性リズムを示しており、概日生物時計は微小重力のもとでも地上と同様に機能していた。この結果は無重力下で徐々にリズムが消失すると報告されているSL-1で行われたアカパンカビのそれと異なる[40]。

D-1においてはこの他に宇宙生物実験として哺乳類培養細胞の極性[45]、モジホコリカビ（*Physarum polycephalum*）の重力感受性[50]、枯草菌の増殖[48]、大腸菌の遺伝子[49]、マメグンバイナズナ（*Lepidium salivum*）根の重力感度[54]、アニス（*Pimpinella anisum* L.）発生[55]についての研究が行われた。

2.2 ソビエト・ミッションによる実験

ソビエトで行われた宇宙生物実験の概要はKosmickeskaya Biologiya 1 Aviakosmicheskaya MedsinaおよびCOSPAR（Comittee on Space Research）に掲載されている。これらの英語訳がNASAの出版物に収録されているが詳細不明のものもある[62]。表2.2.3、表2.2.4に示すように多数の実験が行われている。

1961年に行われたVostock IにおいてGagarinは大腸菌等の微生物を搭載している。1961年から1970年までSatellite-Ships 2, 4, 5, Vostock 1-6, Voskhol 1, 2, Zond 5-8に各種細菌、酵母、緑藻、ウイルスが搭載された。これらの生物の増殖、細胞分裂、分化、突然変異に対し宇宙飛行の影響はなかった。ただし飛行が1日以上の場合大腸菌K-12（λ）ファージの増殖に変化があった。1966年にはCosmos 110において2匹の犬を生命維持装置に入れ22日間飛行させ、種々の生理的変化が生ずることを観察した。22日間飛行のCosmos 605においては生命維持装置にラットを入れてγ線源と共に搭載し、無重力とγ線照射の影響について実験を行い放射線効果が0×gで増強されることを明らかにした。Cosmos 690で同様の実験をくり返し、0×gで放射線障害が増強されることを再確認している。Cosmos 782および936にはアメリカ・

第2章 生命科学と宇宙利用

ソビエト共同生物学サテライトプログラムによる実験が生物の形態, 生理, 発生に及ぼす宇宙飛行の効果を明らかにする目的で行われた[63]。Cosmos 782, 936および1129には種々の生物種が搭載されている。Cosmos 782には $1 \times g$ 遠心機を搭載し, ラットにおける $0 \times g$ の効果が人工 $1 \times g$ 重力により減弱されるかを検討している。宇宙飛行船内に $1 \times g$ の対照実験群を設けることにより $0 \times g$ の効果を明確にした最初の実験として評価される。用いたラットは63日齢体重215gで主として人間の宇宙飛行中に問題となった点に注目した研究が行われた。特にSkylab 2, 3, 4で28日, 59日, 84日飛行を行った各3人の飛行士はかかとの骨の密度がdensitometoryでの観察により低下しており骨塩の喪失を示す一方, 尿中および血漿中Caが増加していた。骨の異常は長期宇宙滞在の重大な障害と考えられていたので, ラットの骨形成, 骨吸収について観察がなされた。飛行ラットの骨形成には著しい影響があり骨膜性骨形成が地上対照に比し抑制され, 骨膜と骨内膜の休止線からみると飛行中, 骨の形成はなかったことを示していた。飛行ラットを25日間地球重力に再適応させると骨形成は再開され, 対照群のラット以上の生長量を示した[64]。

Cosmos 936においても18.5日飛行中の骨影響が研究され, 782飛行と同様に飛行中骨形成速度が遅延していた。飛行中人工 $1 \times g$ においたラットでは骨形成速度は減少していたが, 人工 $1 \times g$ を与えなかった群のラットに比して軽度であり, また地上帰還後には速やかに正常となった。この実験は, 宇宙船内に人工重力発生装置を設け, 従来の地上対照とは別に宇宙対照群との比較を可能にしている。その結果, 諸宇宙環境因子の中, 無重力因子は骨形成に影響するが, それのみでなく他の因子あるいは他の因子との協力作用により, 飛行中の骨形成が影響を受けるという注目すべき事実が明らかになった。しかし, 人工 $1 \times g$ 重力によって無重力の骨形成に対する作用がかなり抑制されることは, 宇宙飛行士に認められる骨障害は無重力が主な原因であることを示している[65]。

Skylabの飛行士には骨変化の他に赤血球容積（mass）の著しい減少のあることが報告されている[66]。これは赤血球造血の抑制あるいは溶血の増加によるものと考えられる。

Cosmos 782においてラットの溶血に対する飛行の影響が検討された。$2-{}^{14}C-$グリシンを飛行前に注射し, ヘモグロビンを標識しておき赤血球が死滅あるいは溶血した時, ヘモグロビン ${}^{14}C$ が ${}^{14}CO_2$ として放出されることを利用して呼気中の ${}^{14}CO_2$ から溶血率を測定した。その結果, 飛行群では溶血が対照の約3倍多かった。また赤血球の寿命は4日短縮され, 通常の63日から59日になっていた。Cosmos 936飛行において追試が行われ, 同様に赤血球の溶血が対照の約3倍増加していることが確認された。人工 $1 \times g$ に飛行中おかれたラットでは, 無重力で認められる溶血の増加が少なく, 溶血の増加の原因はたぶん無重力であると考えられる[67]。

宇宙飛行士に認められる赤血球容積の減少は溶血の増加に原因すると思われるが, 赤血球形成

の低下の可能性も否定できない。

　過去の宇宙飛行において宇宙飛行士の免疫能の低下が報告されている。これと関連してCosmos 782においてラットを用いて細胞性免疫反応についての実験が行われた。飛行5日前にラットをFreundのアジュバンドに浮遊したホルマリン不活化 *Listeria monocytogenes* で免疫しておき、帰還後に脾臓からリンパ球を採取して培養し、Listeria抗原、PHA、コンカナバリンA（Con A）による芽球化を^{3}Hチミジンのとりこみにより調べた。飛行ラットのリンパ球は、PHA、Con Aにより芽球化した。また、Listeria抗原による芽球化は個体差が認められた。

　これらの結果は、宇宙飛行が細胞性免疫機構に悪影響を与えないことを示す[68]。しかし、飛行群ラットのリンパ節には、変性細胞が著しく増加しており、無重力あるいは放射線の影響があると考えられる。

　宇宙飛行のストレスの影響を明らかにするために、飛行ラットについて、胃粘膜の潰瘍、糜爛の存在を肉眼、組織学的に検査したが、いずれも対照と差がなかった[69]。発射時、帰還時、飛行中ストレスに曝されるはずであるが、実際はその兆候はない。

　ラットの血中のホルモン量についての測定も行われている。飛行ラットの生長ホルモン量は低下しているが、ACTH、TSH、FSH、LH、MSHの量には有意差がない。脳下垂体中の各ホルモン量は対照と同様であった[70]。

　宇宙飛行士は、飛行中に light flash を経験しており（Pinsky et al. '74）、宇宙線HZE粒子が目に達したためと考えられている。このことと関連して、飛行ラットの目の組織について、Cosmos 782飛行で検討された。その結果、目の網膜組織はほとんど正常であったが、飛行ラットでは、地上対照ラットに認められない変性細胞があった。この実験は Cosmos 936 飛行で再実験され、782飛行での実験と同様に、飛行ラット網膜に変性細胞が出現していた。$0 \times g$ 飛行群と人工 $1 \times g$ 飛行群とで変性細胞の出現に差はなく、変性細胞の出現は無重力には関係ないことがわかった。飛行ラットの目組織の異常は、加速器でHZEにラットを曝露したときに認められるものと類似しており（Philpottら '78b）、宇宙放射線の影響であると思われる。

　Skylabの飛行士は、宇宙飛行により炭水化物、脂質代謝が影響を受けている[71]。Cosmos 936において、飛行ラットの炭水化物、脂質代謝のキー酵素についての検査が行われた。18.5日飛行のラットのキー酵素5種の酵素活性は有意に変化していた。また、肝グリコーゲンは飛行後に対照の2倍の量であった。このような変化は、$1 \times g$ 飛行ラットでは認められなかった[72]。

　宇宙飛行後の飛行士の筋線維が萎縮することが観察されている[73]。Cosmos 936において、飛行ラット長指伸筋 extensor digitorium longus（以下edl）筋線維について研究が行われた。eldの切片を組織化学的にATPase、NADH、PAS染色し、画像解析装置により解析した。筋線維の太さは varirium control で太く、飛行群で最も細かった。

第2章 生命科学と宇宙利用

筋線維にはⅠ型とⅡ型があり,前者はエネルギー代謝が酸化型で,酸素が必要であるのに対し,また後者は嫌気-解糖エネルギー代謝型である。また,Ⅰ型線維は slow fiber であるが疲労しにくく,Ⅱ型線維は fast fiber で疲労する。Ⅱ型線維とⅠ型線維の比率は,飛行群と対照群とで差はなかった[74]。edl筋は,Ⅱ型線維が多く,他の筋についての研究が今後必要である。

米・ソ共同宇宙生物実験でアメリカは,魚,昆虫,植物の実験を行った。

Vinnow (*Fundulu heteroclitus*) の胚の発生,特に前庭系の分化に及ぼす宇宙飛行の影響が研究された。のう胚期から平衡石出現直後(胚齢32〜128時間)の各発生段階の胚をCosmos 782に搭載した。実験で無重力の影響を示す変化は認められなかった。同様の実験は,Skylab 3,Apollo-Soyuz Test Project でも行われ,同様の結果を得ている[75]。

ショウジョウバエ (*Drosophila melanogaster*) は多くの飛行に搭載されている。Cosmos 782 では,18.5日飛行後の4日齢のショウジョウバエ (Domododero 32) について走査型および透過型電子顕微鏡による観察が行われ,外部,内部超微形態について無重力の影響を認めなかった。寿命についても変化はなかった。しかし,活動力と交尾能力の減少があった。これは飛行中,飼育容器に衝突し,翅が傷ついたためと考えられ,飛行中ショウジョウバエは,飛翔が活発になっている可能性を示している[76]。Cosmos 936では,3,7,26各日齢のショウジョウバエ (Oregon R) が搭載され,3日齢の若いハエでは交尾率,飛行などの活動性が減少し,寿命は短縮していることが示された。これは,宇宙では,活動性が増大し,O_2消費量も増加することと,翅の損傷によるものと考えられている[77]。

Cosmos 782では2つの植物実験が実施された。その1つは,ニンジンの腫瘍の生長に及ぼす宇宙影響に関するものである。腫瘍に対し飛行の影響はないが,無重力におかれた腫瘍は,人工 $1 \times g$ におかれたものに比し,明らかに小さかった。しかしその原因は不明である[78]。

ニンジンの不定胚細胞は,全能性を有するが,その未分化細胞を用い,無重力の細胞増殖と分化に及ぼす影響を明らかにする実験が行われた。$0 \times g$ においてニンジン細胞は増殖し,完全な胚にまで分化した。帰還後,胚は完全な個体にまで生長した[79]。

Soyuz-Salyut 宇宙基地で多数の生物実験が行われた(表2.2.4)。

Salyut 4 で行われたショウジョウバエの実験では子孫に突然変異が観察された。Soyuz 20 で92日飛行後帰還したグラジオラスは,開花が対照群より早く,同系のものと異なった色の花をつけた[80]。

Salyut 5 には魚類の卵と植物の種子が搭載された。*Brachydanio rerio* の受精卵を飼育し,幼生を8〜10日飼育後固定し,電子顕微鏡による組織観察を行った。前庭器官の超微構造に異常を認めなかった[81]。

フタマタタンポポ (*Crepis capillaris*) 種子,*Arabidopsis thaliana* 種子は 18〜249日飛行

2 これまでの宇宙生物科学実験

表2.2.4 ソユーズ−サリュート宇宙基地に搭載された生物試料

基地名	打ち上げ日時	生　物　試　料
Salyut 4	1974	ショウジョウバエ 小型エンドウ
Soyuz 19	1975	コナミドリムシ *Arabidopsis taliana* フタマタタンポポ *Proteus vulgaris* *Brachydanio rerio*
Soyuz 20	1975	グラジオラス *Anethum graveolens* の種子
Salyut 5	1976	*Brachydanio rerio* の受精卵 *Lebistes reticulatus* の成魚雌雄 タマチョレイタケ フタマタタンポポの種子および苗 *Arabidopsis thaliana* の種子
Salyut 6	1977	チャイニーズハムスターの細胞 ウズラの卵 ゾウリムシ *Arabidopsis*，玉ネギ ハツカダイコン，キュウリ，レタス，エンドウの種子 ルリヂサ，ウイキョウ，パセリ，イノンド，ニンニクの苗 チューリップの球根 ヒトリンパ球 ショウジョウバエ，クロレラ 両生類受精卵

後染色体異常が増加していた[81]。

　Salyut 6 で行われた注目すべき実験は，長期宇宙滞在の間の野菜供給を目的とした，完全自律的温室の実現性の試験である。高等植物は無重力環境で生活環の過程をすべて遂行することはできないが，人工 $1 \times g$ を与えることにより，ほぼ正常に発育し，光合成も阻害されないことが明らかとなった[19]。

　微生物の実験では，宇宙飛行の影響は観察されなかったが，ゾウリムシでは宇宙飛行により増殖が促進された。

　Salyut 6 において 1980〜1981 年にハンガリー・ソビエト国際宇宙飛行チームによるインターフェロン計画において，培養ヒトリンパ球のインターフェロンαの産生についての実験が行われた[82]。ヒト血液から分離したリンパ球を牛胎仔血清 2 ％添加 Parker 199 培地に浮遊培養し，軌道上で各種誘導物質を加え，37℃で4〜6日インキュベートし帰還後培地中のインターフェロンを測定している。インターフェロンαの生産量はウイルス，ポリヌクレオチド，バクテリア

タンパク，植物色素等のいずれによっても誘導され，飛行群では地上対照群の4～8倍増加した。5.1×10^7個リンパ球/3ml 培地の培養培地中のインターフェロン α（INF-α）量は，Poly I：C, Poly G：C を誘導物質として用いたとき地上対照群312に対し飛行群ではいずれも2500 INF-α titre 国際単位であり，インターフェロン産生が増加している。ただし地上帰還後第1日における細胞生存率は飛行群では50％で地上対照群の70％に比して低いことが明らかにされた。

3　宇宙生命科学の将来

　人類の宇宙への進出は将来その頻度を増し，滞在期間も長期間となり，また一般人の宇宙旅行も実現するであろう。宇宙利用を拡大するためには人類が長期間宇宙で生活する時に受ける無重力，宇宙放射線などの宇宙環境因子曝露の影響について一世代のみならず次世代にわたる長期間の観察を行い安全性を確認し，さらにリスクに対する防護の技術開発が必要である。

　これまで行われた限られた宇宙生命科学実験の成果から高等植物は無重力下ではその生活環を完全に達成できないようであり，人類も含め高等動物は骨や筋の退化，循環器系，電解質代謝，平衡器，免疫能等に変化を生じ，また宇宙放射線による遺伝子突然変異頻度が上昇することなどが指摘されている。しかし，従来の宇宙実験は実験として必ずしも評価に耐えうるものでなく，今後，宇宙環境のもつリスクについては詳細な実験を繰り返すことにより明確に把握することが先決である。そのためには基礎資料を得るために少なくとも宇宙飛行対照群を設けることが可能な人工重力発生装置，放射線遮蔽があり，さらに観察装置，化学分析器を備えた宇宙実験室の建設が必要である。宇宙環境因子の生体影響が解明されるならば環境因子への対応が考えられよう。植物の重力屈性における重力受容－刺激伝達－屈性発現の過程が物質レベルで解明されることにより重力刺激を代替する化学物質が見出される可能性がある。重力代替物質を用いた無重力場での植物育成は人工重力場なしに宇宙農業を可能とする。

　人類，動物に対する宇宙環境因子の影響についてのデータの蓄積も宇宙のリスクを明らかにするだけでなくその成果はリスクを防護する対策の樹立に役立ち，またそれらの知識の一部は地上における疾患の治療にも応用される可能性がある。例えば人工重力が動物の無重力適応を促進するという知見は人類の無重力適応に応用できる。

　人智の及ぶ範囲は極めて狭く，むしろ考え及ばないところから重要な発見がなされたことは歴史の示すところである。宇宙生命科学は地球も含め宇宙に適用できる普遍的法則を発見し体系化されてゆくであろう。宇宙生命科学は技術的，経済的，さらに政治的な困難があるがこれを推進することにより将来地上の生命科学をも発展させることになる。

文　献

文　献

1) 宇宙における生物学・農業の展開, 文部省科学研究費総合 (B) 報告書, 宇宙科学研究所, 1986
2) T. W. Halstead, et al., 1983-1984 NASA space biology accomplishments. NASA Technical Memorandum 86654, NASA, 1984
3) M. B. Wilkins, ed. In The physiology of plant growth and development. McGraw-Hill, London. 1969
4) J. W. Tremor, et al., The influence of clinostat rotation on the fertilized amphibian egg, Space life sciences, 3, 179-191, 1972
5) J. Neubert, et al., Embryonic development of the vertebrate gravity receptors, Naturwissenschaften, 73, 428-430, 1986
6) A. E. Nicogossian, et al., Space physiology and medicine, NASA SP-447, 1982
7) NASA TT F-761, Problems of Space Biology, Vol. 19, Problems of the Resistance of Biological Systems, 1971 (Nov. 1973)
8) NASA SP-368, Biomedical Results of Apollo (1975)
9) NASA SP-377, Biomedical Results from Skylab (1977)
10) NASA TM-58217, BIOSPEX : Biological Space Experiments. A Compendium of Life Sciences Experiments Carried on U.S. Spacecraft (June 1979)
11) NASA Biological and Medical Experiments on the Space Shuttle. 1981-1985 (1986)
12) NASA TM-88177, Life Sciences Accomplishments Sept. 1985 (1985)
13) NASA TM-86857, Publication of the NASA Space Biology Program for 1980-1984 (Sept. 1984)
14) NASA TM-86244, 1982 NASA Space Biology Accomplishments (Dec. 1983)
15) NASA TM-86654, 1983-84 NASA Space Biology Accomplishments (Aug. 1984)
16) NASA TM-88379, 1984-85 NASA Space/Gravitational Biology Accomplishments. (Dec. 1985)
17) NASA CR-3911, Publications of the NASA CELSS (Controlled Ecological Life Support Systems) Program (Jul. 1985)
18) H. Bjursted, Biology and Medicine in Space : ESA BR-01, 1979
19) A. Cogoli, et al., Biotechnology in space laboratories, In Advances in Biochemical Engineering Vol. 22, Space and Terrestrial Biotechnology, (A. Fiechter, ed.) 1-50, Springer-Verlag, Berlin, Heidelberg, New York, 1982
20) R. S. Johnston, et al., eds., Biomedical results of Apollo, National Aeronauties and Space Administration, Washington, DC. 1975
21) R. Holmquist, ed., Life sciences and space research, Vol. 17, Pergamon press Oxford, New York, Toronto, Sydney, Paris, Frankfurt, 1978
22) P. O'B. Montgomery, et al., The response of single human cells zero gravity, In Vitro, 14 (2), 165-173, 1987
23) A. H. Brown, et al., A test to verify the biocompatibility of a method for plant

culture in a microgravity environment, *Annals of Botany*, **54** (Suppl 3), 19-31, 1984
24) J. R. Cowles, et al., Growth and lignification in seedlings exposed to eight days of microgravity, *Annals of Botany*, **54** (Suppl. 3), 33-48, 1984.
25) A. D. Krikorian, et al., Karyological observations, *Annals of Botany*, **54** (Suppl. 3), 49-63, 1984.
26) M. L. Bowie, *Space Shuttle Student Involvement Program* (*Experiment Status / Update*). Washington, D. C. : NASA, March 15, 1985
27) B. B. Burkhalter, et al., The Get Away Special : A Unique Teaching Means for the Advancement of Education in the Space Age. In : *XXXVth Congress International Astronautical Federation, Lausanne, Switzerland, October 7-13, 1984*. IAF-84-409
28) L. R. Young, et al., Spatial orientation in weightlessness and readaptation to earth's gravity, *Science*, **225**, 205-208, 1984
29) R. von Baumgarten, et al., Effects of rectilinear acceleration and optokinetic and caloric stimulations in space, *Science*, **225**, 208-212, 1984
30) M. F. Reschke, et al., Vestibulospinal reflexes as a function of microgravity, *Science*, **225**, 212-214, 1984
31) E. W. Voss, Prolonged weightlessness and humoral immunity, *Science*, **225**, 214-215, 1984
32) C. S. Leach, et al., Influence of spaceflight on erythrokinetics in man, *Science*, **225**, 216-218, 1984
33) K. A. Kirsch, et al., Venous pressure in man during weightlessness, *Science*, **225**, 218-219, 1984
34) H. Ross, et al., Mass discrimination during prolonged weightlessness, *Science*, **225**, 219-221, 1984
35) O. Quadens, et al., Eye movements during sleep in weightlessness, *Science*, **225**, 221-222, 1984
36) H. Bücker, et al., Radiobiological advanced biostack experiment, *Science*, **225**, 222-224, 1984
37) E. V. Benton, et al., Rediation measurements aboard Spacelab 1, *Science*, **225**, 224-226, 1984
38) G. Horneck, et al., Microorganisms in the space environment, *Science*, **225**, 226-228, 1984
39) A. H. Brown, et al., Circumnutation observed without a significant gravitational force in spaceflight, *Science*, **225**, 230-232, 1984
40) F. M. Sulzman, et al., *Neuroapora* circadian rhythms in space : A reexamination of the endogenous-exogenous question, *Science*, **225**, 232-234, 1984
41) A. Cogoli, et al., Cell sensitivity to gravity, *Science*, **225**, 228-230, 1984
42) A. Cogoli, et al., Gravity sensing in animal cells, *The Physiologist*, **28** (6, Suppl.), S-47-S-50, 1985

文 献

43) B. Bechler, et al., Lymphozyten sind schwerkraftempfindich., *Naturwissenschaften,* **73**, 400-403, 1986
44) G. Richoilley, et al., Preliminary results of the "Paramecium" experiment, *Naturwissenschaften,* **73**, 404-406, 1986
45) C. Beaure d' Augères, et al., Effect of microgravity on mammalian cell polarization at the ultrastructural level, *Naturwissenschaften,* **73**, 407-409, 1986
46) D. Mergenhagen, The circadian rhythm in *Chlamydomonas reinhardii* in a Zeitgeber-Free environment, *Naturwissenschaften,* **73**, 410-412, 1986
47) N. Moatti, et al., Preliminary results of the "Antibio" experiment, *Naturwissenschaften,* **73**, 413-414, 1986
48) H. D. Mennigmann, et al., Growth and differentiation of *Bacillus subtilis* under microgravity, *Naturwissenschaften,* **73**, 415-417, 1986
49) O. Giferri, et al., Effects of microgravity on genetic recombination in *Escherichia coli.*, *Naturwissenschaften,* **73**, 418-421, 1986
50) W. Brigleb, et al., Steady compensation of gravity effects in *Physarum polycephalum*, *Naturwissenschaften,* **73**, 422-424, 1986
51) H. Bücker, et al., Dosimetric mapping inside Biorack on D 1, *Naturwissenschaften,* **73**, 425-427, 1986
52) R. Marco, et al., Embryogenesis and aging of *Drosophila melanogaster* flown in the space shuttle, *Naturwissenschaften,* **73**, 431-432, 1986
53) H. Bücker, et al., Embryogenesis and organogenesis of *Carausius morosus* under spaceflight conditions, *Naturwissenschaften,* **73**, 433-434, 1986
54) D. Volkmann, et al., Develoment and gravity sensing of cress roots under microgravity, *Naturwissenschaften,* **73**, 438-441, 1986
55) R. R. Theimer, et al., Induction of somatic embryogensis in anise in microgravity, *Naturwissenschaften,* **73**, 442-443, 1986
56) G. Perbal, et al., Perception of gravity in the lentil root, *Naturwissenschaften,* **73**, 444-446, 1986
57) K. Kirsch, et al., Venous pressure in microgravity, *Naturwissenschaften,* **73**, 447-449, 1986
58) J. Draeger, et al., "TOMEX", Messung der Augeninnendrucks unter μG-Bedingungen, *Naturwissenschaften,* **73**, 450-452, 1986
59) H. E. Ross, et al., Mass discrimination in weightlessness improves with arm movements of higher acceleration, *Naturwissenschaften,* **73**, 453-454, 1986
60) A. D. Friederici, et al., Cognitive processes of spatial coordinate assignment, *Naturwissenschaften,* **73**, 455-458, 1986
61) H. Planel et al., Preliminary results of cytos experiment flown in Salyut Ⅵ: Investigations on *Paramecium aurelia*, *Life Sci. Space Res.,* **17**, 139-144, 1979
62) Report # JSC-17072, Russian Biospex: Biological Space Experiments. A Space Life Sciences Bibliography, 1981

63) K. A. Souza, The joint US-USSR biological satellite program, *Bioscience*, **29** (3), 160-167, 1979
64) E. R. Morey, et al., Inhibition of bone formation during spaceflight, *Science*, **201**, 1138-1140, 1978
65) E. M. Holton, et al., Quantitative analysis of selected bone parameters. In S. N. Rosenzweig et al., eds. *Final Reports of U. S. Experiments Flown on the Soviet Satellite, Cosmos 936*. NASA TM/78526, Washington, DC. 1978
66) S. L. Kimzey, Hematology and immunology studies. Pages 249-282 In R. S. Johnston et al., eds. *Biomedical Results from Skylab*. NASA, Washington, DC. 1977
67) H. A. Leon, et al., Effect of weightlessness and centrifugation ($1 \times g$) on erythrocyte survival in rats subjected to prolonged spaceflight. In S. N. Rosenzweig et al., eds. *Final Reports of U. S. Experiments Flown on the Soviet Satellite, Cosmos 782*. NASA TM-78525, Washington, DC. 1978
68) A. D. Mandel, et al., Effect of spaceflight on cell-mediated immunity, *Aviat. Space Environ. Med.*, **48** : 1051-1057, 1979
69) P. A. Brown, et al., Absence of gastric ulceration in rats after flight on the Cosmos 782. In S. N. Rosenzweig, et al., eds. *Final Reports of U. S. Experiments Flown on the Soviet Satellite, Cosmos 782*. NASA TM-78525, Washington, DC. 1978
70) R. E. Grindeland, et al., Effects of spaceflight on plasma and glandular concentrations of pituitary hormones. In S. N. Rosenzweig, et al., eds. *Final Reports of U. S. Experiments Flown on the Soviet Satellite, Cosmos 782*. NASA TM-78525, Washington, DC. 1978
71) C. A. Berry, Weightlessness. Pages 349-415 In *Bioastronautic Data Book*. NASA SP-3006, Washington, DC. 1973
72) S. Abraham, et al., The effects of spaceflight on some liver enzymes concerned with carbohydrate and lipid metabolism in the rat. In S. N. Rosenzweig, et al., eds. *Final Reports of U. S. Experiments Flown on the Soviet Satellite, Cosmos 936*. NASA TM-78526, Washington, DC. 1978
73) E. I. Ilyina-Kakueva, et al., Spaceflight effects on the skeletal muscles of rats, *Aviat. Space Environ. Med.*, **47**, 700-703, 1976
74) K. R. Castleman, et al., Spaceflight effects on muscle fibers. In S. N. Rosenzweig, et al., eds. *Final Reports of U. S. Experiments Flown on the Soviet Satellite, Cosmos 936*. NASA TM-75826, Washington, DC. 1978
75) H. W. Scheld, et al., Killifish hatching and orientation experiment MA-161. Pages 19-1 to 19-3 In R. Thomas Giuli, ed. *Apollo-Soyuz Test Project Preliminary Science Report*. NASA, Washington, DC. 1975
76) J. Miquel, et al., Effects of weightlessness on the genetics and aging process of *Drosophila melanogaster*. In S. N. Rosenzweig, et al., eds. *Final Reports of U. S. Experiments Flown on the Soviet Satellite, Cosmos 782*. NASA TM-78525, Washington, DC. 1978

文　献

77) J. Miquel, et al., Effects of weightlessness on the embryonic development and aging of *Drosophila*. In S. N. Rosenzweig, et al., eds. *Final Reports of U. S. Experiments Flown on the Soviet Satellite, Cosmos 782*. NASA TM-78525, Washington, DC. 1978

78) R. Baker, et al., Responses of crown gall tissue to the space environment : tumor development and anatomy. In S. N. Rosenzweig, et al., eds. *Final Reports of U. S. Experiments Flown on the Soviet Satellite, Cosmos 782*. NASA TM-78525, Washington, DC. 1978

79) A. D. Krikorian, Morphogenetic responses of cultured totipotent cells of carrot (*Daucus carota* vor. *carota*) at zero gravity. *Science*, **200**, 67-68, 1978

80) G. A. Soffen, USSR Space Life Sciences Digest. Annual Summary. NASA Contract NASW-3223, 1979

81) E. N. Vaulina, et al., *Life Sci. Space Res.*, **17**, 241, 1979

82) M. Talas, et al., Results of space experiment program "Interferon", *Acta Astronautica*, **11** (7-8), 379-386, 1984

第3章　宇宙における生命工学

第3章　宇宙における生命工学

大島泰郎*

1　はじめに

　私が担当する章，宇宙生命工学は難題である。何しろ全く見通しのたたない分野だから。宇宙生命工学という名で呼ばれる分野がどの範囲のものかについても定まった説もないが，ここでは，宇宙に居住するために人間の生命を維持する工学技術と，宇宙空間環境を利用した生命科学という二つの全く独立の分野を総括しているものと定義し，これに沿ってどんな研究があり得るかを私見を中心として述べてみたい。

2　閉鎖系における生命の維持

　生命を維持するには，当然のことながら環境を整え食料など必要な物質を供給しつづけなければならない。閉ざされた宇宙空間では，物質循環をうまくやるということになるのだが，地球全体でみても同じことでスケールが異なるだけのことにすぎない。ここではまず地球全体の様子を眺め，つづいて宇宙の問題としてとらえることとする。

2.1　生命と物質循環
2.1.1　生体物質論

　生物体を構成している元素は 30〜40 といわれる（生物の種によって多少異なる）。地球は約 90 の種類の元素で構成されているから，40％ぐらいの元素のみで生物圏が構成されていることになる。生物体を構成している元素は「生元素」とよぶ。

　生元素は極端に片寄った使われ方をしている。大部分の生物体では，炭素，水素，酸素，窒素の4元素で90％以上を占めている。いいかえると，生物体は水（HとO）と有機物（主としてC，H，O，N）によって作られている。

　生物は成長や増殖に当って，これらの元素を含む化合物を外部からとり込まなければならない（ある種の生物が原子を転換したという論文があるようだが，現状ではSFと考えてよい）。植

---

*　Tairo Oshima　東京工業大学　理学部　生命理学科

第3章 宇宙における生命工学

表 3.2.1 生体の元素組成の比較

順位	宇 宙	地 殻	動 物	植 物	海 洋
1	水素	酸素	水素	水素	水素
2	ヘリウム	ケイ素	酸素	酸素	酸素
3	酸素	アルミニウム	炭素	炭素	塩素
4	炭素	ナトリウム	窒素	窒素	ナトリウム
5	窒素	鉄	カルシウム	リン	マグネシウム
6	ネオン	カルシウム	リン	カルシウム	イオウ
7	マグネシウム	マグネシウム	イオウ	カリウム	カルシウム
8	ケイ素	カリウム	ナトリウム	マグネシウム	カリウム
9	アルミニウム	チタン	カリウム	イオウ	炭素
10	鉄	リン	塩素	塩素	窒素
11	イオウ		マグネシウム	ナトリウム	

物は主に水とCO_2, NH_4 の形でこれら4大元素をとり込んで生長，増殖できる。高等動物は単純な炭素化合物を有機物へ変換する能力が乏しいので，炭素，窒素の大部分は有機物の形で摂取する必要がある。

4大元素以外の元素は量は少なくなるが，一定量を摂取する必要がある。日常生活でもカルシウムやヨードの欠乏症はよく知られている。

生元素の数を最初にあいまいな数で示したが，実際，ヒトがどのくらいの種類でできているかわかっていない。量の少ない金属元素は，俗にミネラルと呼ばれる微量生元素であるが，これらが明らかになったのは比較的近年のことで，今後も新たな必要元素が追加される可能性は十分にある。

クロムは一般に有毒元素と思われているが，ヒトはじめ陸生動物には必須の元素で，欠乏症も知られている。3価クロムが必要なことは1959年になってわかった。

1970年に哺乳動物にとって，スズは1～2ppm必要であること，また250～500ppbのバナジウムが必要なことは翌年明らかになった。1960年代にはフッ素は虫歯予防に効果があるとされていたが，効果があるのは極めて微量のときで，2ppmを超えると逆に斑状歯が現われ有害である。一般に必要元素といえども，ある値を超えれば有害であって，生体に対する金属の役割は図3.2.1のように書ける。1972年に至り，フッ素（微量）は哺乳類の成長に必要なことが明らかとなった。

劇的な例はヒ素にみられる。ヒ素が欠乏すると出生率の低下や生育のおくれを生ずることは最近の10年ほどの間に明らかになった。この有名な毒性元素が微量生元素であることがわかった技術的な基盤は，全く金属を用いず，かつ外部からの汚染のない清浄飼育器ができたためといわれている。プラスチック容器を使うことで，目的金属に全く触れることなく飼育することが可能に

2 閉鎖系における生命の維持

表 3.2.2　高等動物の必須微量元素

元　　素	年　代	元　　素	年　代
鉄（Fe）	17 世紀	クロム（Cr）	1959
ヨウ素（I）	1850	スズ（Sn）	1970
銅（Cu）	1928	バナジウム（V）	1971
マンガン（Mn）	1931	フッ素（F）	1971
亜鉛（Zn）	1934	ケイ素（Si）	1972
コバルト（Co）	1935	ニッケル（Ni）	1974
モリブデン（Mo）	1953	ヒ素（As）	1975
セレン（Se）	1957		

なり，70年代以降，多くの必須微量生元素が発見された。

宇宙空間の閉鎖系においては，これら微量元素が問題となるケースは少ないと思われるが，念頭には入れておくべきであろう。

2.1.2　生体エネルギー

生物体といえども物理や化学の法則からはずれるものではない。そこで，生物が成長するにはより多くのタンパク質の合成が必要となるが，素材の有機物（この場合，アミノ酸）のほかにエネルギーが必要である。何故なら，ペプチド結合の形成反応は物理化学的に吸エルゴン反応だから。

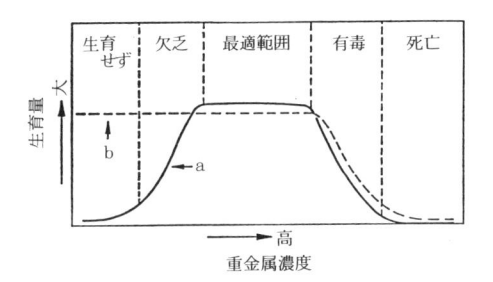

a：必須元素の場合
b：必須元素でない場合

図 3.2.1　生体に対する金属元素の役割

同様に，動物が動くに際しては，力学の法則に従ったエネルギーの消費を伴う。これら生体内のエネルギーは，化学エネルギーの形でのみ供給される必要がある。その中心的役割を担うのはATPとよばれる高エネルギー化合物である。

ヒトをはじめ高等動物では，ATPは食物として摂取した炭素化合物の燃焼エネルギーを転換して合成している。炭素化合物は，生物体の素材と共にエネルギー貯蔵体としても働いている。高等動物は，酸素呼吸により完全酸化してエネルギーを獲得する。反応は，代表的な炭素源グルコースを例にとると下式で表わされる。

$$C_6H_{12}O_6 + O_2 \longrightarrow CO_2 + H_2O$$

$$\Delta G = -2881 \text{ kJ}$$

この反応のATP収量はグルコース1分子当り，36～38分子で，ATP 1分子の担うエネルギーは31kJ なのでエネルギー転換効率は

$$31 \times 36 \sim 38 / 2881 \times 100 \fallingdotseq 40\%$$

である。

このATP獲得は，O_2 の吸収と CO_2 の放出を伴っている。

2.1.3　CO_2 固定

動物がエネルギー獲得に際して放出した CO_2 を大気中より再び生物界へ戻すことを CO_2 固定という。CO_2 固定はさまざまな生物が行う。ヒトを含めた高等動物も CO_2 の固定能があるが，これらの生物の CO_2 固定量は地球規模で見た場合，無視し得る程度のものである。

地球全体の立場からは，CO_2 固定はほとんど植物の光合成に依存している。植物の CO_2 固定は最初の産物が炭素数3のホスホグリセリン酸か，炭素数4のリンゴ酸やアスパラギン酸かによって，それぞれC3植物，C4植物と呼んで区別している。C4植物は強光下に光合成が飽和せず，また光呼吸がなく CO_2 固定率が高く，高温乾燥に強いなど栽培植物に向いている。この点は宇宙農業の品種選定に当って重要な要素の一つである。

C3植物にしてもC4植物にしても，CO_2 を糖に還元する鍵を握るのが，リブロース二リン酸カルボキシラーゼとよぶ酵素である。地球上の生物圏の大部分がたった一種の酵素に依存しているのは興味深い。

CO_2 を糖に還元する反応はカルビン回路と呼ばれ，グルコースはデンプンに重合されて貯えられる。糖内部に貯えられるエネルギーは，太陽光を起源とし，いったん水 H_2O を分解して，還元型物質 $Fd \cdot H_2$，NAD（P）H などやATPの形でエネルギーを移す。この際，O_2 が発生し，大気圏へ放出される。結局，光合成の全反応は次式にまとめて示される。

$$6\,CO_2 + 6\,H_2O + 太陽光 \longrightarrow C_6H_{12}O_6 + 6\,O_2$$

太陽光のエネルギーは，糖グルコース（$C_6H_{12}O_6$）のなかに貯えられる。

反応式は呼吸の逆向きである。呼吸では $C_6H_{12}O_6$ 中に貯えられた太陽光エネルギーがATPに転換されている。

2.1.4　元素循環

呼吸と光合成が化学反応としては互いに逆向きなので，この2つが組合いつり合いがとれると，元素はただ循環しているだけで，物質はどれも減りも増えもしない。現実にはもっと多くの要素がからんで複雑であるが，単純化すると図3.2.2のように書ける。

光合成で作られた糖と O_2 を動物や好気性細菌は消費して CO_2 を放出する。太陽からのエネルギーは炭素化合物の中へ貯えられ，動物や細菌がこれを利用（実際には植物も自身の成長や増殖のためには，合成した糖分を分解利用）する際に，温度エネルギーとなって放出される。

2 閉鎖系における生命の維持

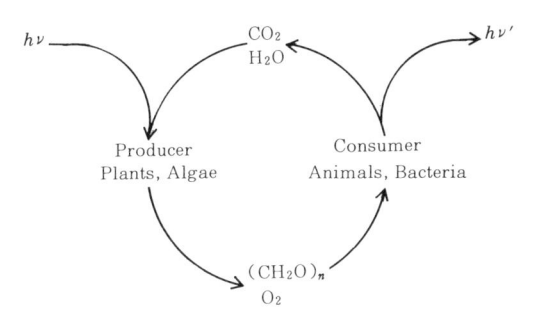

```
         CO₂
  hν    H₂O      hν'
   ↓   ↗   ↖     ↓
  Producer    Consumer
  Plants,     Animals,
  Algae       Bacteria
       ↘   ↗
       (CH₂O)ₙ
        O₂
```

図 3.2.2　元素の循環

生命とは太陽エネルギーの一変形である。

2.1.5 生態系

動物はCO_2から直接有機物を作る能力が乏しいのみならず，一部のアミノ酸，脂肪酸など合成能がない。これらは必須アミノ酸，必須脂肪酸，ビタミンとして他の生物体中のものを奪取しなければならない。

ヒトでは8種の必須アミノ酸のほか成長期には補充すべきアミノ酸二種が存在する。他の哺乳動物でも似た事情にあり，動物飼料に特に需要の多いリシン，ロイシンなどを添加するのは栄養価を高める方法である。この点は宇宙における食料，飼料にも考慮し適切な手段を講ずる必要が

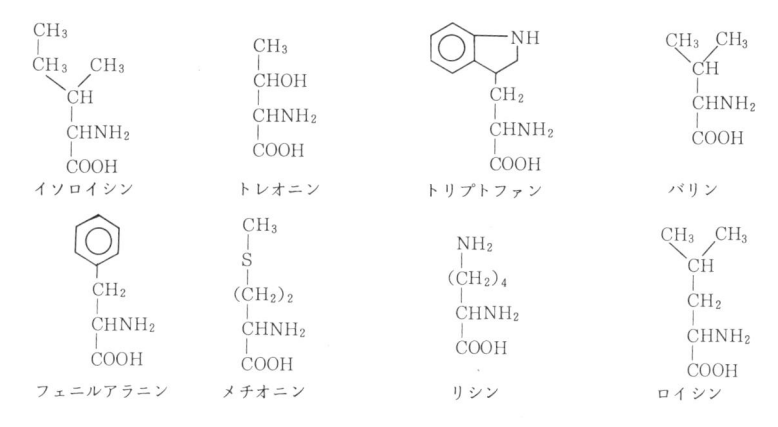

イソロイシン　　トレオニン　　トリプトファン　　バリン

フェニルアラニン　メチオニン　　リシン　　ロイシン

図 3.2.3　必須アミノ酸（ヒトの場合）

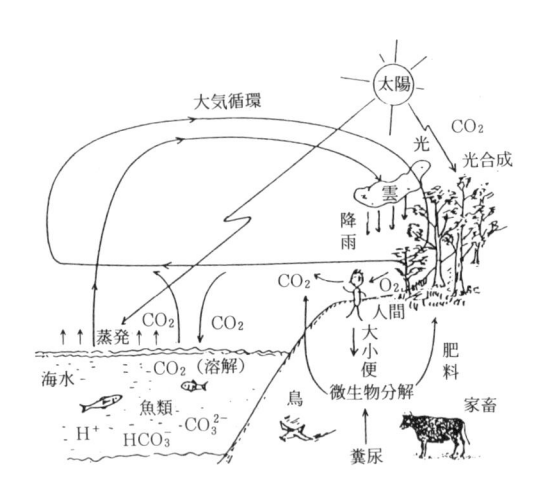

図 3.2.4　地球における物質循環

あろう。地上ではリシンなど必須アミノ酸の多くは発酵法で微生物に生産させている。

　草食動物は直接植物のみを食して生きていけるが，肉食動物は他の動物体を摂取しないと生きていけない。一般には複雑なからみ合いで食われる者と食うものの関係が成立している。これを食物連鎖とよび，典型的にはクロレラ → ワムシ → ミジンコ → フナ → ライ魚とかイネ → ウンカ → カマキリ → ヒバリ → タカといった順に炭素化合物が移っていく。最強の生物は死んで，細菌の食料と化する。

　食物連鎖は一段終るごとに約 1/10 の効率で炭素化合物，エネルギーが伝えられるといわれている。たとえば，アルファルファを食べた牛からステーキをとったときに比べ，直接アルファルファを食べれば，10倍の人に栄養がいき渡る。このためタカなど食物連鎖の頂点に立つ生物は広大な土地を占める必要がある。ただヒトのみが技術の力でこの原則を破っている。宇宙空間ではさらに狭い"耕地"に依存して生命を維持しなければならないので技術に対する要求はそれだけ高い。

2.2　CELSS

　CELSS は Controlled Ecological Life Support System の略で日本語では閉鎖生態系生命維持システムと呼ばれることが多い。

　これまでの NASA の宇宙プログラムでは，宇宙飛行士に必要な水，空気，食料は運び込めばよかった。しかし，現在計画が進められているスペース・ステーションのように3カ月，6カ月と

いった長期滞在となると酸素の再生（ガス交換），食料の自給が必要となってくる。

食料，O_2の自給は宇宙船の重量軽減にも役立ち，宇宙計画全体にとっても重要な技術問題の一つである。さらにこの問題の解決なくして，月面移住，火星有人飛行といった21世紀の宇宙計画の多くは現実不可能となってしまう。CELSSは食料自給のもとで生命維持システムを作り出すことが目標である。

当然，CELSSにおける主要な化学反応は，CO_2から糖（またはこれに代る高カロリー有機物）を作り出すことである。

CELSSは大別して，温度，湿度，気圧，酸素分圧，CO_2分圧の調節維持，すなわち環境保持と，物質循環・食料供給の二つの面がある。このうち前者，すなわち環境維持はこれまでの宇宙飛行でも必要で，Environment Control Life Support System（ECLSS）と呼ばれ多くの技術が生み出されている。

2.2.1 宇宙農業

最も単純なCELSSは，地上の農業に近いものを宇宙へ持ち上げることである。具体的には，小麦，大豆，ジャガイモ，藻類などを育てようというのであるが，狭い空間で効率よく育てるための工夫が必要である。極端には"耕地"を回転して重力を与え，地上と変わらない農業をしようというものもある。

図3.2.5は提案されているデザインの1例で，ヒト一人を維持するのに約57 m^3の空間と7 kWの電力（太陽光はフルに利用するとして）を必要とするという。一方，宇宙空間に居住するため実現を要求されているレベルは，ヒト1人を維持するために電力5〜6 kW，20 m^3の空間とい

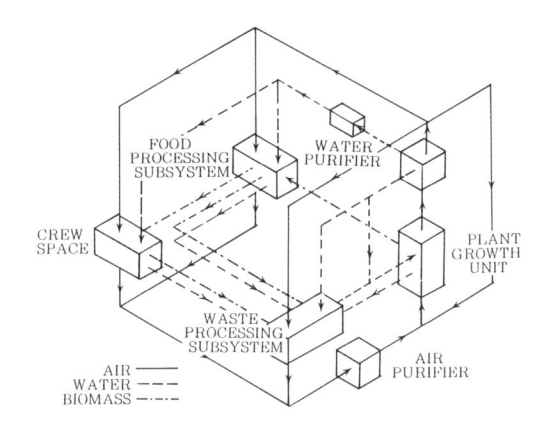

図3.2.5　CELSSの概要

われているので，さらに改善することが必要である。
　現在の実験計画ではケネディスペースセンターに 54 m^3 の実験機を作っている。ここでは作物の栽培を行うが，これでは CELSS とはならず，これにガス交換，食品加工，廃棄物処理の技術が組み合わされる必要がある。
　このような工学的な展開とともに，無重力下における植物の生育など基礎的研究も不足しており，前章に述べられている宇宙生物学実験を重ねることは，CELSS の成功にとって不可欠である。

2.2.2　ガス交換
　呼吸に必要な酸素は生物によらず物理的，化学的手段で CO_2 を O_2 に変換することも考えられている。また，宇宙農業を効率よく行うためには CO_2 濃度を制御する必要があり，このための CO_2 吸収剤の研究が行われている。CO_2 吸収剤としてはアミン系化合物が検討されている。
　生物を利用したガス交換としては藻類を用いるものがよく研究されている。実際には藻類の培養槽に CO_2，O_2 の分離，濃縮装置を組み合わせる。藻類の O_2 生産能は 1 日 1 リットル当り 40 g O_2 にも達するといわれ，計算上は 25 リットル程度の培養槽でヒト 1 人の呼吸が維持できるという。
　むしろ光合成生物の O_2 発生量は十分すぎ，この余った O_2 を利用して廃棄物の酸化を行うことが考えられている。

2.2.3　実験モデル
　ケネディスペースセンターでは CELSS の実験モデルを作製する計画である。これまでに作られたものは，54 m^3 の植物水耕栽培室である。人工照明された装置のなかで，各種の植物が育てられている。これに今後，食料加工システム，廃棄物処理システムを加えて実験モデルを作っていく予定といわれている。

2.2.4　廃棄物
　植物はエチレンを発生させることがあるが，このような化合物は除去し，別途処理しなければならない。食品とならない部分，さらに人間からの代謝廃棄物は細菌による分解と，最終的に湿式燃焼（酸化）が考えられている。いわゆる地上の燃焼は宇宙船内には向いていないので，酸素を吹き込んで炭素化合物を最終的に CO_2 に変換しようというものである。このやり方では，窒素はかなりの部分が N_2 として放出されるので，これを微生物により回収することが必要である。N_2 の固定は，生物のほか火花放電など化学反応でも可能である。
　微量金属は処理により可溶性の分子となり，再び植物栽培に回される。

2.2.5　半合成 CELSS
　CELSS において植物に与える CO_2 の吸収過程を含めるなら，その後を植物細胞にまかせるよ

り，人工のより調節しやすいシステムを開発することも検討すべきであろう。

生体のCO_2固定反応は植物に限らない。現実の生態系では量的に無視できるが動物にもCO_2固定能があり，これらを含めると多数のCO_2固定反応がある。これらを化学反応の形式の上から分類すると図3.2.6のように描ける。

I	C-N bond forming	Urea/NH_2	6.3.4.6/16
		NH_2	2.7.2.2
		Glu	6.3.5.5
II	C-C bond forming		

	受容体	エネルギー源	生成物	酵素番号
II-1	RuBP		PGA	4.1.1.39
	PEP		OAA	4.1.1.31/32/38
	X~P		COO-X~P	4.1.1.21
II-2	AcylCoA	FdH	2-oxo acid	1.2.7.1-3
		ATP	Di-COO acid CoA	6.4.1.1-5+α
II-3	H(or none)	FdH		?
		Cyt b	HCOOH	1.2.2.1
		NADH		1.2.1.2
	Acetate	Cyt b	Pyr	1.2.2.2
	2-Oxo acid	NAD(P)H	Hydroxy acid	1.1.1.38-42/44
II-4	CH_3-THF	(NH_3)	Gly	2.1.2.10
II-5	Protein	(V.K)	γ-COO・Glu	

図3.2.6　CO_2固定生体反応の分類

酵素，あるいは固定化酵素を用いたバイオリアクターによるCO_2固定は，前述のCO_2吸収濃縮系と組み合わせると比較的単純に有機物が得られる。これを原料にSCP（微生物タンパク質，single cell protein）を作り加工食料とする道が考えられる。可能なCO_2固定反応を図3.2.7に示した。反応に必要な還元力$Fd・H_2$，$NAD(P)H_2$は植物ではクロロプラストで作られる。クロロプラスト膜を利用してもよいし，ここも色素を含む合成系で行ってもよい。

N_2はバイオリアクターによってもまた有機酸を含む液に放電することで，アミノ酸などの形で回収できる。このような半合成システムは将来的には植物や藻を用いる旧来農業型のCELSSにとってかわるものである。

2.2.6　光反応と水素発生

光合成生物の太陽光エネルギーの化学エネルギーへの転換は基本的に水分子の光分解である。

$$H_2O \xrightarrow{h\nu} H_2 + 1/2 O_2$$

第3章　宇宙における生命工学

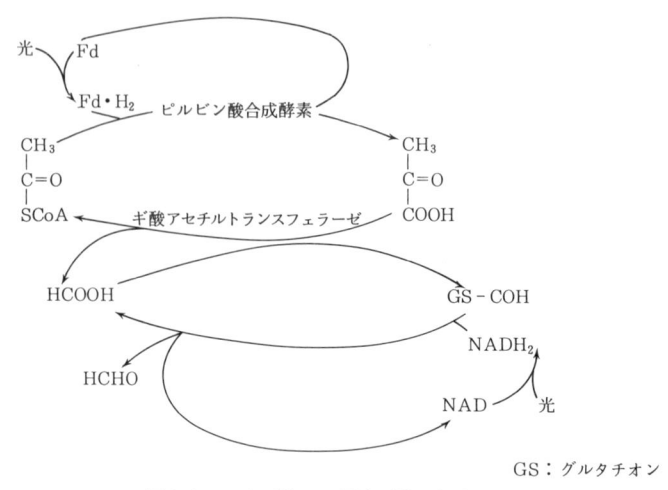

図 3.2.7　人工的 CO_2 固定回路の提案

GS：グルタチオン

すでにエネルギー問題の一環として，植物の光合成過程の前半部に当る光反応部分をとり出し，H_2 を発生させようという研究がすすんでいる。

　CELSS の一部としての CO_2 の固定には，すでに研究のすすんでいる太陽光の利用による H_2 の発生技術に，水素細菌（H_2 と CO_2 の存在下に独立栄養型の生育をする細菌）を培養し，これから SCP を得ようという考えも可能である。水素細菌の CO_2 固定は，光合成植物のものと異なり生化学的には TCA 回路として知られるグルコース代謝終結経路の逆回転による（ないしは，その変形）と思われている。

3　宇宙生物工学

　宇宙空間環境を利用して生物工学を発展させようというのが宇宙生物工学である。宇宙空間で利用できる環境因子としては，第一に無重力が挙げられる。このほか，高エネルギー宇宙線，短波長紫外線などの輻射，高真空，低温，低磁場，日周性変化などの因子がある。しかし，低温，低磁場は地上でも容易に実現でき，高真空もさほど困難でない。血液製剤など不安定な医薬品を宇宙空間の低温，高真空にさらして短時間のうちに乾燥させるというアイデアもあるが，地上で行うのに比べそれほどの有利さ（とくに経済的有利さ）はないと思われる。結局，現状では無重力が最も利用可能な環境因子である。

3 宇宙生物工学

3.1 電気泳動

　宇宙生物工学として最も早くから注目され，具体化に動き出しているのがフリーフロー電気泳動である。

　生体成分の分離，とくにタンパク質の分離精製は，バイオテクノロジーにおいて重要な操作技術である。その一つに電気泳動があるが，分離の上で拡散を防ぐためゲルなどの支持体を用いるのがふつうである。この場合，ゲルをむやみに大きくできず，したがって分離距離を拡げるには自ずと限度がある。一方，フリーフロー電気泳動（図3.3.1）ではジュール熱の発生による対流，物質の沈降の問題があり，これまではそれほど利用されていない。

　宇宙空間ではこの難問が避けられるので最も近い将来に有用な宇宙技術の一つとされ，すでに商用の宇宙電気泳動装置も開発されているという。これまでの予備的な実験でも，医薬として期待の大きいウロキナーゼの産生能をもつ細胞を他の腎細胞から分離することに成功しており，将来の実用性は確実視されている。

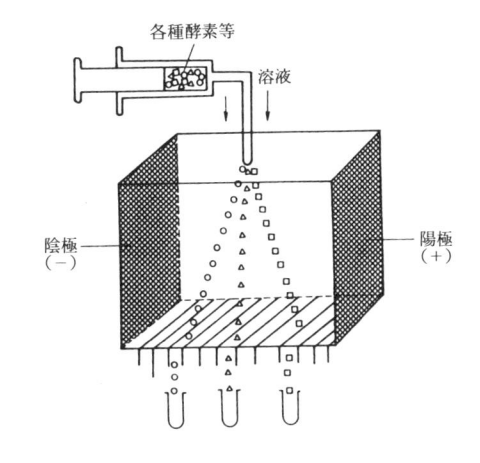

図3.3.1　フリーフロー電気泳動の原理

3.2 二相分離

　二種の高分子を適当な条件下に混合すると液滴を生ずる。この現象はコアセルベーションと呼ばれ，とくにオパーリンが彼の生命の起原説において，細胞モデルとして研究したことで有名である。この現象は，タンパク質の分離精製にも用いられることもある。しかし，地上ではやがて二相に分かれてしまうので，これを宇宙空間で行い，十分な時間をかけて二相分配を行うならば，タンパク質など生体成分の分離精製技術として利用できると期待されている。

　通常酵素などタンパク質の分離精製に用いるときは，ポリエチレングリコールを利用する。この方法では，特定の細胞をその界面に集めることもできるといわれており，近い将来，予備実験が宇宙で行われると伝えられている。

第3章　宇宙における生命工学

3.3　大型結晶

　結晶を地上で作れば，少なくとも一面は容器の底にふれる。宇宙空間では結晶を浮かせて作らせられるので，大型・高品質の結晶が作れると思われる。このような利点を生かして地上では結晶成長の困難な合金などの結晶を作ることは，材料実験として多数の実験が計画されている。同様に生体高分子の結晶を作ることも企画され，すでに予備実験も行われた。

　タンパク質の高次構造解析は，タンパク質工学をはじめ，これからのバイオテクノロジーには不可欠の技術である。タンパク質の三次元構造を決める最も決定的な手法はX線による結晶解析である。このためには，高品質の結晶が必要であり，これを宇宙で作製しようという考えがある。すなわち，地上のバイオテクノロジーの一部を宇宙の環境の助けを借りて達成しようというものである。宇宙環境の下では，対流の影響もなく，応力もかからないので，とくにタンパク質の結晶のようにもろい結晶成長には有利と考えられる。

　宇宙でのタンパク質の結晶の作成のための予備実験は無機物を用いたアポロ・ソユーズ時代に端を発する。とくに近年のスペース・ラブ1では，大型の高品質の結晶が得られた。リゾチームは1辺が10倍，体積にして1,000倍の大型の結晶が得られた。

3.4　培　　養

　地上においては，動物細胞等の弱い細胞の培養を行うときは激しい撹拌を行えば細胞破壊がおこる。このため大量培養が行うことがむずかしい。一方，宇宙空間では撹拌を必要とせず，細胞密度の高い浮遊培養が可能と期待されている。同様な効果は微生物の培養にも適用できるであろう。また，それに伴う課題を解決しないとCELSSの実現にも支障をきたすであろう。

　さらに，OGのもとでは細胞が変化し，その生理，生化学が地上とは異なることがわかっている。このため特定の成分，ことに医薬として応用価値のある成分が増産される現象を見出す可能性もあり，OG下の培養，発酵は検討に価すると考えられている。

　しかし，このためにはOG下の培養の至適条件の設定，培養器の開発，通気および脱ガス法の開発，老廃物の除去，栄養成分の供給法などの開発等々，多くの課題が立ちはだかっている。

4　Global Change

　地球上の生物界は，非生物界と深くかかわり合い，この相互作用が海洋，陸地，森林，大気の環境，構成を決めている。生物界の活性のなかには人間の工業，社会活動も含まれ，むしろ今日ではこれが最も重要な要素となっている。

　この相互作用を理解することは今後の人間の活動にとって大切なことというより，人類の生存

4 Global Change

をかけた重要問題といった方が早いであろう。そして，そのためには宇宙から観察・解析するのが最も有効である。とくに，水資源の動態，熱帯森林などバイオマスの計測，地球大気環境の監視などが当面の問題である。また，この課題は宇宙活動とともに，コンピューターを駆使したデータ・バンク，モデル計算による予測を必要としている。こうして，今後数十〜数百年にわたる地球環境の変化を予測し，それに応じた全地球的な対応を検討することが企画され， Global Change という計画名が与えられている。この計画には宇宙空間から観測，解析が不可欠と考えられている。

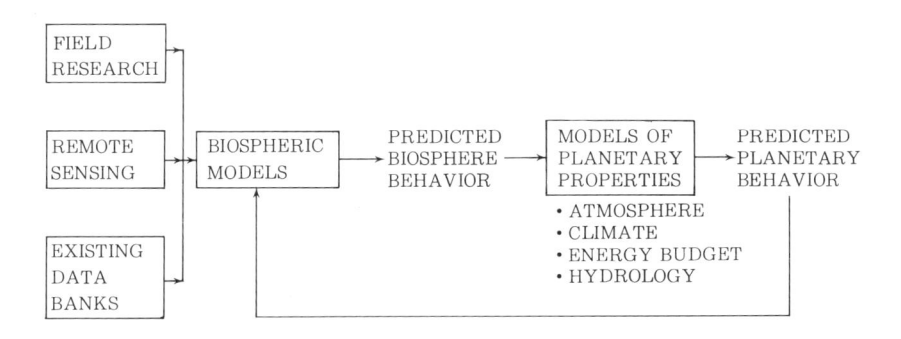

```
FIELD
RESEARCH ──┐
           │
REMOTE     ├──→ BIOSPHERIC ──→ PREDICTED   ──→ MODELS OF      ──→ PREDICTED
SENSING    │    MODELS          BIOSPHERE       PLANETARY          PLANETARY
           │                    BEHAVIOR        PROPERTIES         BEHAVIOR
EXISTING   │                                   • ATMOSPHERE
DATA       │                                   • CLIMATE
BANKS ─────┘                                   • ENERGY BUDGET
                   ↑                           • HYDROLOGY
                   └───────────────────────────────┘
```

図 3.4.1　宇宙からの生態系解析の手法概念図

		GLOBAL IMPACTS	
CHANGES IN BIOSPHERE	MANIFESTATIONS	SHORT-TERM	LONG-TERM
Warming Climate	Flooding of Coasts Lightning/fires Change in Agri-cultural Patterns	Affects Earth biota, Animal & Human Life	Unknown consequences to the ability of Planet to Support Life
Decrease in Ocean Primary Productivity	Decrease in Fisheries Harvest	Decrease in Human Food Source	Weakening of Planetary Life Support System (O_2 Production, CO_2 Removal)
Decrease in Tropical Forest Biomass	Changes in Biogenic Gases (O_2, CH_4, N_2O) Change in Soil Structure and Chemistry	Reduction in Ecosystem Complexity, Stability, Decrease in Ozone Layer, Loss of Soil Fertility	Weakening of Planetary Life Support System

図 3.4.2　生態系の地球環境への影響

文　　献

　生態系の変化の地球環境への影響は図3.4.2に要約される。しかし，このような解析はまだ不十分で将来の予測は不確定要素を多く含むことに留意すべきである。

文　　献

1) M. Calvin et al., "Foundations of Space Biology and Medicine, Joint USA/USSR" NASA, Academy of Science, USA (1975)
2) J. Billingham, "Life in the Universe" MIT Press (1981)
3) "Earth Benefits from Space Life Science", NASA, JPL Publication, 400-262 (1985)
4) M. McElroy, "Global Change : A Biogeochemical Perspective", NASA JPL Publication, 83-51 (1983)
5) "Life Sciences Research on the Space station : An Introduction", NASA TM 86836 (1985)
6) "Controlled Ecological Life Support System", NASA Conference Publication, 2247 (1982)
7) "Survey of CELSS Concepts", NASA Conference Publication, 2373 (1985)

第4章　宇宙材料実験

— 新材料開発と宇宙利用 —

第4章　宇宙材料実験 ―― 新材料開発と宇宙利用 ――

1　融液の凝固におよぼす微小重力の影響

鈴木俊夫*, 栗林一彦**

1.1　はじめに

最初の人工衛星スプートニクが1957年に打ち上げられて以来30年,宇宙空間の利用技術の進歩は著しく,静止衛星による通信,気象観測など我々の日常生活にも多大な恩恵をもたらしている。これらの衛星技術とともに,宇宙環境を利用した新材料の創製や微小重力環境での材料プロセッシングへの試みも1971年のアポロ14号で開始され,スカイラブ計画,アポロ・ソユーズ計画と引き継がれてきた。この間にも落下塔や小型ロケットによる実験も行われ,微小重力下の現象に対する理解が進んできた。1981年のスペースシャトルの成功により宇宙材料実験の機会は飛躍的に増大し,本格的な産業利用への道が検討されるに至った。このような状況の下で各国の宇宙材料プロセッシングへの期待も急速に高まり,その研究も活発化している。

我が国においてもここ数年宇宙利用への関心が高まり,スペースシャトルによる本格的な宇宙材料実験FMPTが準備されるとともに,材料実験用小型ロケットが開発されてきた。さらに,長期間にわたり高精度の微小重力環境を実現できるフリーフライヤーの開発や恒久的な宇宙基地計画への参加が決定されるなど,研究環境の整備も着々と進んでいる。このような状況の下で,過去に行われた宇宙材料実験の成果を整理し,新たな観点で問題点を把握することが材料研究者にとっての急務であろう。

本節では主として金属を対象とした現在の凝固理論と宇宙材料実験の結果を簡単に紹介し,融液の凝固におよぼす重力の影響を検討する。ただ,宇宙材料実験の対象や目的は多岐に渡るためここでは便宜上の区分を設けこれに従って記述した。

1.2　微小重力環境の特徴

1.2.1　微小重力環境下の諸現象

まず初めに微小重力という言葉の意味を明確にしておこう。宇宙材料実験の行われる衛星軌道

---

*　Toshio Suzuki　　長岡技術科学大学　工学部　機械系
**　Kazuhiko Kuribayashi　　宇宙科学研究所　宇宙輸送研究系

第4章 宇宙材料実験 — 新材料開発と宇宙利用 —

では必ずしも微小重力状態が実現しないことに注意すべきである。実際，人工衛星の中の物体も重力を受けており，これが遠心力と釣り合うことにより物体に作用する力が小さくなっているに過ぎない。ただ，完全な無重力状態との区別は現実的でないので，ここでは微小重力を物体に作用する加速度が小さい状態の意味とし，作用する加速度の程度を重力レベルとして表現する。

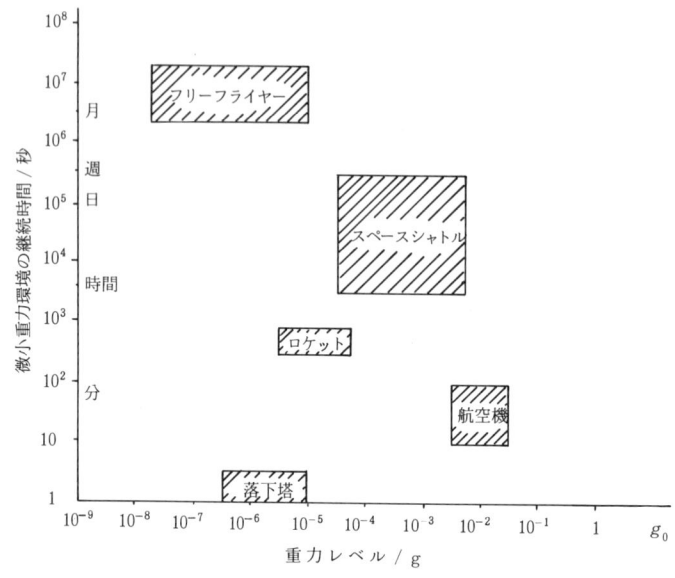

図 4.1.1 各種実験手段の重力レベルと継続時間[1]

図 4.1.1 に各種の微小重力環境実現方法における重力レベルとその継続可能時間を示す[1]。継続時間の多少はともかく，実現される重力レベルは航空機による実験の $10^{-2}g$ からフリーフライヤーの $10^{-7}g$ までおおよそ 10^5 倍程度のひらきがある。現象の重力レベルによる差も問題となろうが，これまでのところは凝固現象において重力レベルによる大きな差異は報告されていない。したがって，ここでは $10^{-2}g$ から $10^{-7}g$ まで状態を一括して微小重力環境として取り扱う。

材料プロセッシングの側面から微小重力環境の特徴を考えれば，自然対流が生じないこと，密度差に起因する沈降・浮上が生じないこと，静圧がないこと，融液の容器に無接触な浮遊が可能なことに要約できる。これらの特徴のもたらす諸現象が材料製造過程の技術要素にどのように関連するかを整理すると，表 4.1.1 になる[2]。さらに，図 4.1.2 に示すように微小重力環境ではそれぞれの現象が相互に関係し，材料プロセッシングの支配過程にさまざまな変化を生むことになる[2]。したがって，対象とする材料や製造のプロセスにより微小重力環境の特質を十分考慮する必要がある。

1 融液の凝固におよぼす微小重力の影響

表 4.1.1 微小重力環境下の諸現象と材料製造へのその応用[2]

	主 な 現 象	技 術 的 要 素
無対流（自然対流がなくなること）	①微小流・乱流の現われ	・乱流による熱・物質移動 ・重力のふらつきによる微小流 ・温度・密度勾配による微小流
	②無偏析	・結晶の歪みの減少 ・化学反応の均一化 ・組成の均一化
	③界面現象の現われ	・一方向凝固過程の制御容易 ・凝固界面の観測容易 ・濡れ・毛管現象の変化 ・界面張力による対流（マランゴニ対流）
	④輸送現象の変化	・外力による物質移動が容易 ・気体拡散の一様化 ・気相析出・沈積の促進 ・腐食・電気化学過程の変化 ・液相の拡散・表面対流 ・液相/気相大型結晶成長
	⑤熱・密度のゆらぎの減少	・相平衡の研究容易 ・整列組織の制御容易 ・核生成の抑制
	⑥温度勾配の増大	・熱交換技術の必要性
無沈降・無浮力	⑦沈降の消失	・泳動分離が容易（電気的・磁気的） ・大型モザイク結晶成長容易 ・懸濁化が容易
	⑧相分離の消失	・多成分系の均質化学反応 ・比重差の大きい非混合系/複合材料製造 ・液体/固体の均質混合可能 ・液体/液体の均質混合可能
	⑨物質分布の変化	・泡動力学の研究容易 ・泡の均一分散化容易
無静圧	⑩泡の分布の変化	・脱泡技術の必要性（超音波・遠心力等）
	⑪界面圧力の変化	・気/液界面の重力変形の消失
	⑫界面現象の現われ	・燃焼現象の変化 ・粘性液滴の合体現象の観測容易 ・液性・浮遊帯の形状安定化 ・臨界点付近の用転移の観測容易 ・移動界面の観測容易 ・濡れ・吸着現象の現われ
	⑬自重変形の減少	・結晶粒成長の制御可能 ・無転位化等，格子不整の除去容易 ・均質アモルファス化
	⑭流体の変形の減少	・壁効果の消失，鋳造容易

次ページへ続く

第4章　宇宙材料実験 ── 新材料開発と宇宙利用 ──

主　な　現　象		技　術　的　要　素
無接触浮遊	⑮無容器・浮遊容易	・音波浮遊技術の必要性 ・浮遊帯溶融性の応用拡大
	⑯界面現象の現れ	・表面張力の影響大，真球生成
	⑰浮遊状態の安定さ	・浮遊液体の流体力学の研究容易 ・超高純度物質の製造容易 ・無接触により汚染・核生成の防止
	⑱熱環境の変化	・冷却および急冷技術の必要性 ・高温・超高温化学反応（無接触） ・放射冷却／加熱が顕著化

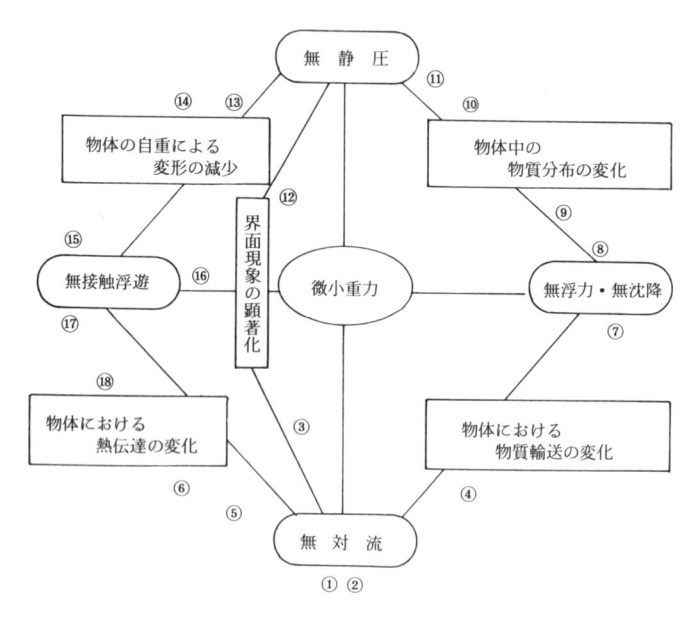

図4.1.2　物質の微小重力下における諸現象の相互関係と材料製造へのその応用[2]
　　　　（注）図中の番号①〜⑱は表4.1.1中の諸現象名を表す。

1.2.2　宇宙材料製造法への期待

　前述の微小重力環境の効果を期待し，これまでに数多くの材料実験が計画実施されてきた。融液の凝固による材料に対象を限っても，高品位半導体単結晶，粒子分散合金，共晶系複合材料，

光ファイバー用ガラスなどのさまざまな材料を用いた宇宙実験が行われている。

　無対流の効果を期待したものとして，まず次項で詳細に述べられる高品位単結晶の製造が挙げられる。金属材料の凝固においても自然対流の存在による成分偏析や結晶組織の乱れなどが微小重力下では著しく減少する。ただ，金属材料の多くが構造材料として用いられている現状から，共晶合金や複合材を除けばあまり宇宙材料実験の対象にはされない。ガラスやセラミックスの場合にも融液の粘性が大きく，対流による問題は重要でなく無対流の効果を期待することは少ない。

　融液中の固体や液相粒子や気泡は密度差により沈降あるいは浮上する。微小重力下ではこの浮上や沈降現象が生じないので，融液中に粒子や気泡を均一に分散させたまま凝固させることが可能となる。このような期待から気泡あるいは酸化物，炭化物粒子分散合金の実験が行われてきた。また偏晶合金では成分元素の密度差による2液相の分離を避けた均一な偏晶合金の製造が試みられている。さらに，セラミックスやガラスでも成分の重力偏析防止など，無沈降，無浮上の効果を期待した実験例は多い。

　無静水圧と無接触浮遊の利点は互いに密接な関係にあり，いずれも容器壁と融液の相互作用を避けるという点で一致する。半導体材料やセラミックス，ガラスでは容器材料からの汚染や欠陥の導入を防止できることに主眼が置かれる。地上では避けられない融液の自重による変形やこれを保持するための鋳型の問題がなくなるほか，欠陥の発生も避けられることになる。また，無接触浮遊状態では融液の形状が表面張力によって定まり，真球形状のガラスが容易に得られることも大きな利点である。

　微小重力環境の利点と材料プロセッシングにおける期待を簡単に紹介してきたが，過去の実験はこれらの期待が必ずしも容易に実現するものでないことを示している。装置や実験条件の不備による失敗を始め，当初は予想もされなかった問題や新たな現象の発見など枚挙の暇もない。次項以降ではこれらの現象を項目に分け，凝固の理論的観点から再考を試みる。

1.3　単相合金の凝固

　ここでは主として単相合金の凝固について述べるが，純金属の凝固，融液からの金属間化合物の凝固，ガラスやセラミックスの結晶化にも多くの場合同様の議論が成立する。この分野の実験的，理論的研究蓄積は豊富で，次項以上に述べる多相合金などにも共通する部分も多いことから，凝固におよぼす微小重力の影響をできるだけ詳細に考察する。

1.3.1　核生成

　融液からの凝固過程は固体核の生成に始まる。古典的均一核生成理論における臨界核の半径は，図4.1.3に示すように体積自由エネルギーと表面自由エネルギーの和が極値になる条件により決まる。また，臨界核の生成速度は，ある自由エネルギーを持つクラスターの分布がボルツマン分

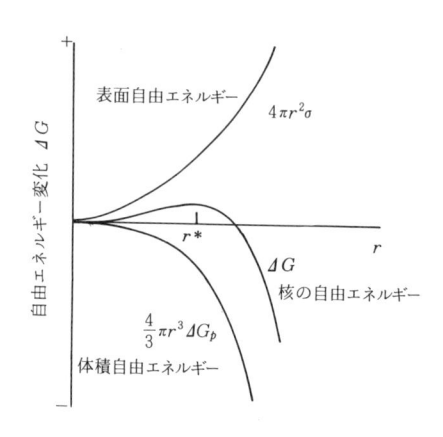

第4章 宇宙材料実験 — 新材料開発と宇宙利用 —

図4.1.3 球状結晶核の生成による自由エネルギー変化

布に従う条件から計算される。したがって，微小重力の下で核生成に変化のある場合には，熱力学的諸量が変化しているか，温度のゆらぎなど融液中のエネルギー分布に変化が生じていなければならない。

重力は一般に金属結合力や化学結合力に比べはるかに小さいので，熱力学的諸量の変化は小さいと考えられるのに対し，融液中の空間エネルギー密度のゆらぎなどは対流や外力により容易に変化する。実際，融液中に摩擦，振動，超音波などの外的じょう乱を与えることにより核生成が促進されることは良く知られている。したがって，外的じょう乱や対流によるゆらぎが減少する微小重力下では，核生成が抑制されることが予想される。

核生成現象の把握を目的とした宇宙実験はいくつか計画されているものの，報告例はまだない。金属材料の結晶粒がほぼ1つの生成核に対応することに着目すれば，過去の凝固実験の結果から微小重力の効果を類推できる。小型ロケットによる透明物質の凝固実験結果で融液からの核生成が減少することが報告されているほか[3]，微小重力下で凝固した合金試料の結晶粒粗大化などが知られている[4]。ただ，対流によるデンドライト枝分離の減少や冷却速度の変化なども地上と異なる結果を生む原因となるので，これらの結果がただちに微小重力下の核生成現象の変化を意味するものではない。

現実の凝固現象で均一核生成が実現することはまれであり，多くの場合は融液中の固体粒子や容器壁を媒体とした不均一核生成が生じる。図4.1.4に不均一核生成理論の模式図を示すが，固体壁上に固相の核が生成することにより同じ半径を持つ臨界核の自由エネルギーは大幅に減少する。このため，不均一核生成に必要な過冷は均一核生

図4.1.4 固体壁上の不均一核生成

1　融液の凝固におよぼす微小重力の影響

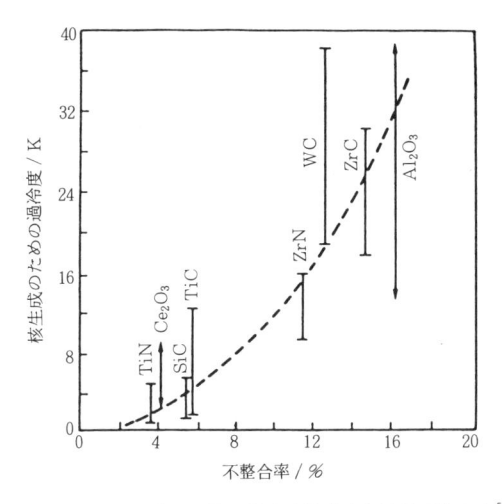

図4.1.5　溶融純鉄中の不均一核生成過冷度と結晶不整合率[5]

成の場合に比べるかに小さくなる。固体粒子や容器壁の核生成能力は図4.1.4の固相との濡れ角 θ により決まり，これが小さいほど不均一核としての作用は大きい。図4.1.5は鉄の融液に対する酸化物，炭化物などの核生成作用を核生成に要する過冷度の大小で評価したものだが，鋼の格子定数と固体粒子の格子定数の差が不均一核生成作用を決定していることが解る[5]。このような関係が微小重力下でも成立するのかは明らかでない。微小重力実験結果では，融液と固体壁の濡れが地上以上に良くなり，超流動のように融液が容器壁を伝わって外部まで流れ出る現象が報告されるなど[6]，固体壁と融液の間の界面現象に大きな変化があることを示している。融液と固体との濡れ性の評価は従来から行われてきたが，地上での測定では重力の影響を除くことができない。この結果，測定される濡れ角も純粋に界面エネルギーを評価しているかの疑問が残り，その値が微小重力下で変る可能性は否定できない。その場合には，図4.1.4に示した界面での力学的釣り合いが変化し，固体の不均一核生成作用も変ることになる。

これまでに行われた微小重力実験の結果を総合すると，対流による温度，濃度のゆらぎの減少，異相界面の濡れ性の変化などの原因により微小重力下の核生成現象は地上と異なると思われ，この変化はおそらく核生成頻度を減少させる方向である。

1.3.2　界面安定性

界面安定性は，融液中に一定形状の界面が定常状態を保ちながら成長し続ける条件を記述する

基本的概念であり，組成的過冷却の理論にその端を発している[7]。組成的過冷却の理論は，合金の平らな界面が安定に成長する条件が界面近傍の温度と溶質の分布により決まることを説明している。具体的には，界面での温度勾配が濃度勾配に対応した液相線温度勾配を上まわること，すなわち，平らな界面前方の液相温度がその液相溶質濃度に対応した液相線温度を下まわる組成的に過冷された領域が存在しないことが平らな界面の安定成長条件となる。組成的に過冷された領域が界面前方に存在する場合には，温度のゆらぎなどで生じる界面の凹凸が発達し，平らな界面は維持されない。これを模式的に図示すると図 4.1.6 のようになる。

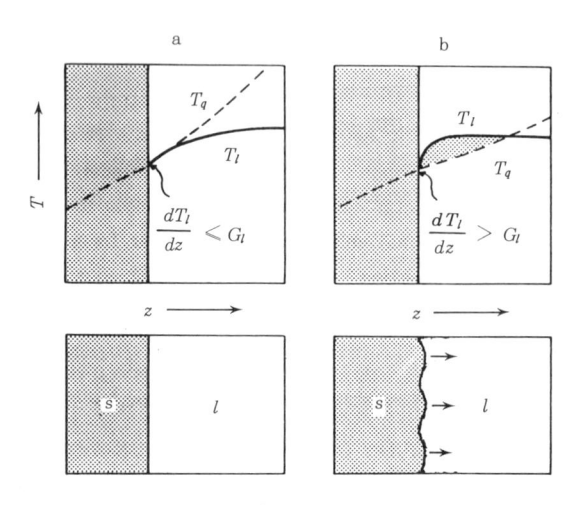

図 4.1.6 組成的過冷却の理論
a；組成的過冷却領域が存在せず安定である。
b；組成的過冷却領域が存在し，平らな界面の成長は不安定となる。

ゆらぎなどにより生ずる平らな界面の微小変動を考慮し，界面安定性を求めた解析が Mullins-Sekerka による摂動論である[8]。ここでは界面の基本的な微小変動形状を正弦波とし，微小変動に対する局所平衡の成立条件より界面安定性を求めている。任意の微小界面変動を記述するには，定常状態での温度場と拡散場ともに，界面変動に伴う局所的な場が必要となる。この局所的な場に対する解を摂動展開で求め，局所平衡条件下での微小変動の減衰条件より平らな界面の安定性に対する必要十分条件が導かれる。

上記の理論を基にすれば，界面安定性に対して重力の影響は融液中の拡散現象，界面現象，界面微小変動を通じて現われることが解る。これらの現象について微小重力実験の結果を参照し考

1 融液の凝固におよぼす微小重力の影響

察しよう。

微小重力下で自然対流が大幅に抑制されることは前にも指摘した。対流の存在は物質の移動を促進し，見掛けの拡散係数を増加させる。したがって，対流のない微小重力下での拡散係数は地上で測定されるものより小さくなると予想され，SL-1の実験でもこれを支持する結果が得られている[9]。また，図4.1.5の組成的過冷却の理論によれば拡散係数の減少は界面前方の溶質濃度勾配を増加させ，その結果として界面安定性を減少させることになる。

界面安定性の理論では界面現象の寄与の増大，あるいは，固液界面エネルギーの変化は温度のゆらぎなどにより生じうる界面の微小変動そのものに影響を与える。界面エネルギーが常に界面の微小変動を減衰させる方向に働くことを考えれば，界面エネルギーの増減はそのまま界面安定性の増減と考えられる。前述のように微小重力下での界面現象が地上と異なった側面を見せることから，界面安定性も大きく増加する可能性がある。

界面微小変動が生じる原因は明らかでないが，温度や濃度のゆらぎや融液中の微小な流れによると一般に考えられている。したがって，流れに対する駆動力が減少する微小重力環境では界面に生じる変動も減少するので，界面安定性は増加することになろう。

微小重力環境での界面安定性を研究目的とした宇宙実験は現在までのところは実施されていないが，著者等が行った落下実験，遠心力負荷実験では図4.1.7に示すように重力レベルの減少に従って界面安定性が増加する結果が得られている[10]。また，融液の凝固では界面安定性が界面形態や凝固組織の形成を支配することから，各種微小重力実験の結果から界面安定性の変化が類推できる。後述のようにデンドライトサイズやデンドライトアーム間隔はデンドライト先端の界面

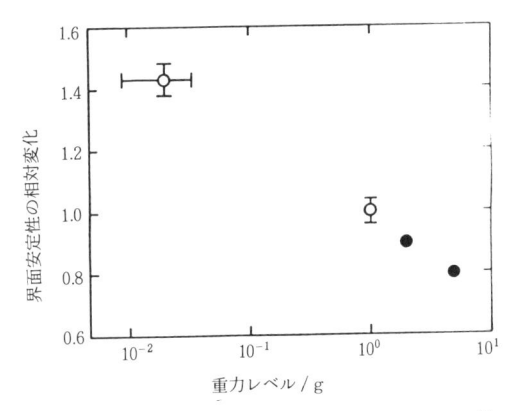

図4.1.7　平らな界面の安定性の重力による変化[10]

第4章　宇宙材料実験 ── 新材料開発と宇宙利用 ──

安定性に関係し，先端曲率半径とともに増減する．微小重力下で凝固した合金のデンドライトアーム間隔が地上のものに比べ大きいことなど[11]は間接的に界面安定性が重力により増加する可能性を示唆している．

1.3.3　デンドライト成長

　デンドライトは合金融液の凝固で最も一般的な固液界面形態である．透明な有機物で観察されるデンドライトの例を写真4.1.1に示すが，デンドライトは中心に幹をなす1次アームとこれから発達する2次アームにより構成されている．さらに詳細に観察すると，デンドライト1次アームの先端が回転放物体に近似されること，先端から後方に向かうに従って界面形状に波状の乱れが生じ2次アームへと発達していることが解る．デンドライト先端が定常成長する限界の形状（曲率半径）も前述の界面安定性により定まる．先端の界面安定性が満足されない場合には，先端曲率半径が減少し，デンドライト先端形状は安定な状態へ向かう．このデンドライト先端曲率半径は，平らな界面の場合と同様，界面に生じる微小変動に対して局所平衡が成立する条件より求められる[12]~[14]．

　デンドライト成長界面の安定性は先端近傍でしか満足されず，先端から後方に向かうにつれ不安定性が増加する．この結果，先端後方で界面形状に乱れが生じ，2次アームが発生する．初期2次アームの間隔と先端曲率半径の間には線形関係が成立しているので[15],[16]，

写真4.1.1　透明有機物のデンドライト

2次アームの発生は界面安定性と直接に関係することになる．デンドライト1次アーム間隔についても，先端曲率半径とほぼ同様の成長速度依存性を持つこと[15]~[17]など，先端曲率半径と関係づけられることが示されている．また，デンドライト1次アーム間隔は1つのデンドライトの支配する領域，例えば，物質あるいはエネルギーの保存条件を満足する領域より理論的に予測できる[13],[18],[19]．したがって，デンドライトの1次アーム間隔，2次アーム間隔も界面安定性を反映しており，これらのアーム間隔の変化から界面安定性の変化を推定することも可能となる．ただ，デンドライト形態やアーム間隔は融液の流れにより影響を強く受けるので，その評価は慎重に行う必要がある．

　このように界面安定性はデンドライト成長の形状決定要因として作用しているので，デンドライト成長における微小重力効果も前述の平らな界面と同様の議論から推論できる．すなわち，微

小重力下での対流の消滅による見掛けの拡散係数の減少，界面現象の寄与増大による界面変動の抑制，温度，濃度のゆらぎや微小流動による界面変動の減少はデンドライトサイズやデンドライトアーム間隔の増加をもたらすと考えられる。これまでに行われた微小重力実験の結果でも1次アーム間隔の増加や優先成長方位の変化が報告されており[11]，上記の推論を支持している。また，遠心力加速度の増加につれデンドライト先端曲率半径が減少することなど[20]も界面安定性に対する重力の影響を示す傍証となる。

これまでの研究結果はおおむねデンドライト成長における界面安定性が微小重力下で増加することを示している。しかし，マクロ的あるいはミクロ的な対流の影響はまだ十分に解明されていないので，微小重力環境でのデンドライト成長の変化より界面安定性の変化を論ずるためにはさらに詳細な検討が必要である。また，地上における予備実験と微小重力実験とでは，融液と容器間の濡れ性の変化などの原因により凝固条件が変化している可能性もあることから，今後の精密な実験が期待される。

1.4 多相合金の凝固

ここでは，凝固する固相が複数の固相が複数の固溶体あるいは金属間化合物である共晶合金と液相がある温度で2相に分離する偏晶系合金を取り扱う。いずれの合金も複合材料，機能性材料としての可能性を持ち，初期の宇宙材料実験にも取り上げられてきた。しかし，複数相が共存する界面での現象は複雑で，微小重力の効果も十分に理解されている訳ではない。

1.4.1 共晶合金

共晶合金は単一の液相から濃度の異なる2つの固相が同時に晶出しながら凝固する。図4.1.8に一般的な共晶合金の凝固界面と界面近傍での濃度分布を模式的に示す。晶出する2相間の溶質濃度差を補償するため，溶質あるいは溶媒が一方の相から液相に排出され，他方の相へと拡散する。このため，拡散が共晶界面形態や共晶層間隔を支配する重要な因子となる。また，2つの固相と液相の接する3重点で各相間の界面エネルギーの釣り合い条件も満足されなければならず，界面現象も単相合金の場合に比べ複雑である。

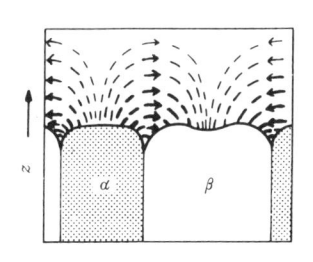

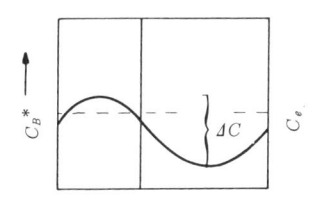

図 4.1.8 共晶界面での溶質拡散と挙動と界面濃度変化

Gibbs-Thomson 効果（曲率効果）により固液界面の熱力学的平衡温度は界面曲率半径に比例して低下する。共晶界面の曲率半径は共晶層間隔にほぼ比例するので，曲率効果による共晶平衡温度の過冷は共晶層間隔に比例して減少する。さらに，共晶層間の拡散駆動力としての過冷も共晶界面温度を低下させる。液相と固相の2相のみが接する各共晶固相の中央部では液相溶質濃度は共晶濃度よりずれる。この濃度は各相の液相線を共晶温度以下に延長した線上にあり，両相での過冷は等しくなければならない。この拡散駆動力としての過冷は共晶層間隔に比例して増加するので，共晶界面の過冷度は共晶層間隔が減少した場合，曲率過冷は増加，逆に拡散駆動力の過冷は減少することになる。実際には共晶界面過冷度が最小になる状態が安定と考えられ，これを条件とした理論の予測では共晶相間隔が冷却速度の $-1/2$ 乗に比例して減少する関係が示される[21]。

微小重力の共晶合金の凝固に対する影響は上記の議論で解るように，拡散と界面現象の変化を通じて現われることになる。対流消滅による見掛けの拡散係数の減少は同じ共晶界面過冷度を与える条件の下では，共晶間隔を減少する効果となる。また，界面現象の変化では3組の相界面エネルギーの相対的変化が問題となり，簡単にその効果を予測することはできない。微小重力下で固液界面エネルギーが見掛け上増加するという単純な場合を仮定すると共晶層間隔は増加することになる。しかし，最終的に実現する共晶層間隔は全体の過冷を最小にする状態として決まるので，それぞれの寄与の定量的な評価なしには予測不可能である。

共晶合金は複合材料の基本でもあり，これを対象とした宇宙材料実験は比較的初期から行われてきた。その目的は，均一な共晶層や共晶繊維の分布や連続共晶繊維を得ることとされ，用いられた合金系も金属－金属間化合物共晶や金属間化合物－金属間化合物の擬2元共晶など多岐に渡っている。これらの実験では，微小重力下で凝固した合金の共晶層間隔あるいは共晶繊維間隔とその分布が測定され，地上実験の結果と比較された。表4.1.2はこれまでの微小重力実験結果の例を示す[22]が，微小重力下での共晶層間隔の変化が必ずしも一定の傾向を示すものでないことが解る。その理由として，共晶成分からのわずかなずれや初期核生成状態の差，共晶相間界面エネルギーの合金系のよる差などが考えられる。ただ，共晶間隔に変化がない場合にも共晶繊維や共晶層の配列や分布が均一になるという共通点は見出されている。これは対流による温度や濃度のゆらぎが減少するためと考えられている。

表4.1.2　微小重力下での共晶層（繊維）間隔の変化[22]

		G/R K.s.cm^{-2}	$\dfrac{\lambda_{1g} - \lambda_{0g}}{\lambda_{0g}}$	$\dfrac{f_{1g} - f_{0g}}{f_{0g}}$
MnBi-Bi	SPAR	1.8×10^4	$+30\%$	$\sim +7\%$
InSb-Sb	TEXUS		$+30\%$	
	FSLP	3×10^4	$\sim +20\%$	
Al$_3$Ni-Al	TEXUS	2×10^4	$-17 \pm 8\%$	
	FSLP	1.4×10^4	$-15 \pm 5\%$	$\sim -9\%$
Al$_2$Cu-Al	TEXUS	2.2×10^4	0	
	FSLP	2.7×10^4	0	

1.4.2　偏晶系合金

固相においても互いにほとんど固

溶せず，密度差や融点差の大きい元素から構成される偏晶系合金は，液相状態でミッシビリティーギャップを持ち，温度の低下とともに液相状態で濃度の異なる2液相への分離が生じる。このため，地上では分離した液相が沈降あるいは浮上し混合相が均一に分布した組織を得ることは極めて難しい。この液相の分離支配機構は，スピノーダル分解あるいは核生成成長によると考えられている。スピノーダル分解は過冷などの熱力学的駆動力を必要とせず組成のゆらぎが増幅することにより生じる。したがって，偏晶系合金の液相分離がスピノーダル分解によるものであれば，分離液相粒子の沈降がない微小重力環境での均一分散合金の製造が容易になる。

偏晶系合金に関する実験もスカイラブ計画では既に開始され，その後も各種の偏晶系合金を用いた実験が継続されている。これらの結果では，計画当初に予想されたような非混合液相の均一な分散は得られていない。写真4.1.2にPb-Zn合金の実験例を示す[23]が，微小重力下で凝固した試料では地上実験で見られる鉛の沈降はなくなるものの，液相分離した鉛液相が容器壁に添って成長し，鉛と亜鉛の層に完全に分離している。これらの結果は，偏晶系合金の液相分離は多くの場合容器壁からの不均一核生成によることを示唆している。また，分離した液相粒子がマランゴニ対流などの流動により移動，合体することや凝固界面移動に伴って凝集，移動する効果も無視できず，微小重力下での偏晶系合金の凝固を正確に理解するにはさらに検討が必要である。

（a）地上実験試料　　（b）微小重力下で凝固した試料

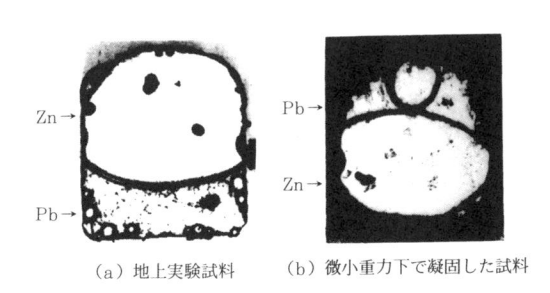

写真4.1.2　Zn-44.2wt％Pb合金の凝固組織[23]

1.5　その他の材料の凝固
1.5.1　粒子分散合金

粒子分散合金は合金中に酸化物，炭化物あるいは高融点金属の粒子や繊維などを分散させたものである。これらの分散粒子は一般に基地合金融液との密度差が大きく，地上では沈降あるいは浮上し，均一な分布を得ることが難しい。微小重力下では，粒子の沈降や浮上は避けられるが，

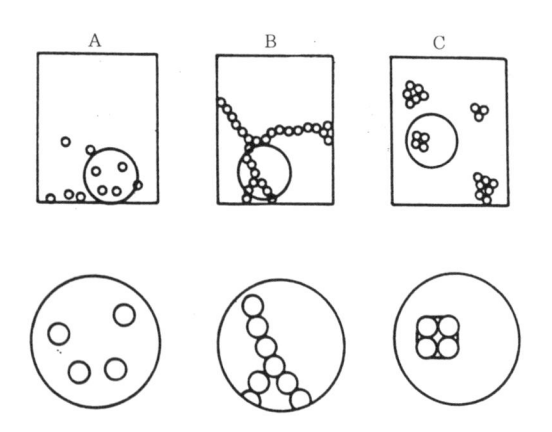

第4章 宇宙材料実験 — 新材料開発と宇宙利用 —

図 4.1.9　融液と粒子の濡れ角の差による粒子分布の変化
A：$\theta < 90°$，B：$\theta = 90°$，C：$\theta > 90°$

均一な粒子分散が常に得られるわけでにない。図4.1.9は分散粒子の融液に対する濡れ角により粒子がどのように合体，分布するかを模式的に示す。濡れ角が90度を超える場合には，粒子の合体は常に自由エネルギーを減少させる安定な配列となる。したがって，融液－粒子間の濡れ性の制御が粒子分散合金の製造には最も重要となる。

分散粒子と凝固界面の相互作用，すなわち，界面で粒子が捕捉されるか，掃き出されるかは凝固後の粒子分布を最終的に決定する要因である。ここでは，粒子，液相相互間の界面エネルギーの総和が最小となる状態が実現される。また，界面近傍の微小流動も粒子の捕捉に関与していることが考えられる。

粒子分散合金の製造も微小重力実験の開始以来の重要なテーマであり，各種の材料を用いた実験が行われてきた。これらの実験では，地上に比べ均一な粒子，繊維の分布が報告されている。微小重力実験で新たに見出された現象は，分散粒子の鎖状の結合，容器壁への付着，界面での粒子の掃き出しと結晶粒界への捕捉などであるが，凝固収縮による微小流動やブラウン運動により分散粒子の移動，合体が促進されるとの指摘もある[24]。これらの結果は，粒子分散合金の凝固に対する重力の影響は前述の多相合金と同様に複雑な界面現象の変化を通じて現われることを示している。

1.5.2　気泡分散合金

気泡分散合金は蒸気圧の大きく異なる元素を合金成分として含み，融液中にその蒸気気泡を分散させるものである。これまでに試みられた宇宙実験では，アルミニウムと亜鉛の組み合わせが

選ばれている[25]。アルミニウム液相中に溶解している亜鉛は界面での溶質分配により濃化し，その蒸気圧は平均組成のそれを上まわる。したがって，亜鉛蒸気の気泡は界面で核生成成長することになる。ただし，容器壁からの核生成を防止しないと均一な気泡の分散は得られない。報告されている結果では用いた容器と融液の濡れが悪く，気泡の均一分散は得られず，デンドライト成長した部分では気泡が枝間部に多く見られた。これは気泡の核生成が地上に比べ容易でないことを示唆すると思われる。また，気泡の核生成ではデンドライト枝間部での亜鉛の濃化とともに凝固収縮の寄与も大きいことが窺われる。

1.5.3 ガラス，セラミックス

ガラスやセラミックスに関する微小重力実験はまだ少ない。これは，その用途が金属材料や半導体材料に比べ限られることや，溶融状態での粘性が高く，微小重力下での無対流の効果がさほど期待できないと考えられたことも一因であろう。しかし，光ファイバー用ガラスなど高純度ガラスの需要が高まるにつれ，容器壁からの汚染を防止できる微小重力下の無容器溶解への期待が高まり，各種の実験が実施されるに至っている。これまでの結果では，成分の均一化，異相粒子の均一分散など微小重力の効果としておおむね予想通りの結果が得られている。ただ，凝固理論の観点から見れば，セラミックスやガラスは金属材料に比べ融液の粘性が大きく，結晶化速度が大幅に小さいこと，液相・固相界面エネルギーが小さいことから金属材料で見られるような大きな微小重力効果は示さないと考えられる。

1.6 微小重力下の凝固現象

融液の凝固は基本的に融液中の流れと拡散による熱と物質の移動に支配されている。地上における融液中の流れの大部分は温度差，濃度差による自然対流だが，微小重力下ではこの自然対流が消滅する。この結果，凝固は拡散のみにより支配されることになる。一方向凝固試料の不純物濃度が完全拡散支配による分布を示すことなどはこの無対流効果の現われである。

微小重力下で無対流状態は簡単に実現するが，融液中の流れが完全になくなる訳でない。融液表面の温度差や濃度差を駆動力とするマランゴニ対流や凝固収縮による界面近傍での流れは微小重力でも存在し，凝固現象にさまざまな影響を与える。融液中の分散粒子や気泡の移動，平らな界面やデンドライト界面に生じる微小変動，デンドライト樹間部の偏析などミクロ領域が問題となる場合にはわずかな流れも無視できない。

マランゴニ対流については融液の自由表面でのみ観察され，固液界面や容器との界面でのマランゴニ対流の報告はない。したがって，融液との濡れが良い容器中に保持された融液の凝固を考える限り，微小重力下でのマランゴニ対流もあまり問題にならないと考えられる。しかし，凝固収縮による微小流れは固液界面近傍の減少や融液中の粒子の運動などに影響を与える可能性

が指摘できる。しかし，その評価は地上では困難で，その影響もまだ十分に理解されていない。これらの点を考えれば，現在のところ微小重力環境での輸送現象の変化はほぼ見掛けの拡散係数の減少として取り扱うことができるだろう。この場合には前述のように，融液の凝固に対する影響を理論的考察から類推できる。

　微小重力下で生じるさまざまな界面現象の変化は当初予想もされなかった。特に，融液と容器の濡れが地上とは大きく異なることは，多くの失敗の原因にもなってきた。このような変化が微小重力下で生じる原因もまだ十分に解明されていないが，融液に作用する体積力がなくなることが本質と考えられる。融液に働く力は，面積力と体積力に分けられるが，現実の現象はこの2つの力の釣り合いにより決まる。微小重力下では面積力の体積力に対する比は大幅に増加し，融液の運動は主として界面現象により決定されることになる。したがって，このような変化は容器との濡れだけでなく，固液界面エネルギーにも生ずると考えられよう。この場合には，濡れ性の変化からして界面エネルギーが増加した状態が想定される。

　対流の減少とともに，融液中の微小流動やじょう乱による温度，濃度のゆらぎも減少する。しかし，温度場，濃度場に存在する熱力学的ゆらぎ自身の重力による変化は明らかでない。融液に作用する重力により微小流動が誘起され，ゆらぎによる場の変化が抑制されることと考えれば，ゆらぎの振幅はあまり変化せず，ゆらぎの波長のみが増大すると予想される。ただ，このようなゆらぎの変化と微小流動の変化を区別することは困難であり，凝固への効果も独立には考えられない。

　以上に述べた微小重力下での変化は，見掛けの拡散係数の減少，界面エネルギーの増加として考えられよう。これらの変化に対する凝固現象への影響を定性的に考慮し，これを整理すると表4.1.3のようになる。微小重力実験の結果を参照すれば，凝固における微小重力の効果には界面エネルギー変化が大きく寄与していることになる。現実の現象はこれ程単純ではないが，微小重力の影響を分類，整理することの有用性は認められよう。

表4.1.3　微小重力下での見掛けの物性変化と凝固現象の変化

（矢印の向きは増減を表す）

	拡散係数減少	界面エネルギー増加	微小重力実験結果
核生成頻度	↘	↗	↗
結晶粒径	↘	↗	↗
界面安定性	↘	↗	↗
デンドライトアーム間隔	↘	↗	↗
共晶間隔	↘	↗	↗ および ↘

1.7 おわりに

以上,融液の凝固におよぼす微小重力の影響について簡単に述べてきた。凝固現象に対する重力の寄与もこれまでに行われた数々の宇宙材料実験により,次第に明らかにされてきた。しかし,我々が現象を観察する上での暗黙の前提としている重力の存在は大きく,まだその効果を十分把握するには至っていない。特に界面諸現象の変化などは,定性的な理解さえも一致にも至っていない。したがって,実験事実の再確認とともに系統的な実験計画の策定が必要になろう。実際,最近の欧米各国の宇宙実験テーマが単なる材料製造実験から流体運動,界面安定性,界面動力学などの基礎的な現象を把握する実験へとその重点が移っていることもその現われであろう。

微小重力効果に対する科学的認識が深まる一方で,宇宙材料実験用装置や機器の開発は地上における材料研究法や製造技術の改善として反映されていることも重要な点である。宇宙開発や宇宙利用の社会的,経済的効果に対する議論など,これからの宇宙材料実験を推進する上で解決すべき課題も多く,社会の合意と理解がこれまで以上に必要となろう。そのためにも,宇宙材料実験に速効的な成果を期待するだけでなく,微小重力下での基礎現象や重力作用の概念を整理し,微小重力環境における材料プロセッシングの得失を提示する努力が必要であろう。

文　献

1) Y. Malméjac et al., ESA BR-05 (1981), p. 1
2) IRI ; 諸外国の宇宙実験結果の調査検討報告書, 1984年3月
3) M. H. Johnston and C. S. Griner, *Metall. Trans.*, **8A** (1977), p. 77
4) M. H. Johnston and R. A. Parr, *ibid.*, **13B** (1982), p. 85
5) B. L. Bramfitt, *ibid.*, **1** (1970), p. 1987
6) T. Toma and A. Sawaoka, *Jpn. Appl. Phys.*, **24** (1985), p. 1298
7) W. A. Tiller et al., *Acta Metall.*, **1** (1953), p. 428
8) W. W. Mullins and R. F. Sekerka, *J. Appl. Phys.*, **35** (1964), p. 328, p. 444
9) M. Braedt et al., Proc. of 5th European Symposium on Material Sciences under Microgravity, ESA, SP-222, p. 201
10) 宮田保教, 鈴木俊夫, 日本金属学会誌, **50** (1986), p. 678
11) J. J. Favier et al., *Acta Astronautica*, **9** (1982), p. 235
12) R. Trivedi, *J. Crystal Growth*, **49** (1980), p. 219
13) W. Kurz and D. J. Fisher., *Acta Metall.*, **29** (1981), p. 111
14) Y. Miyata and T. Suzuki, *Metall. Trans.*, **16A** (1985), p. 1807
15) S. C. Hung and M. E. Glicksman, *Acta Metall.*, **29** (1981), p. 717
16) Y. Miyata et al., *Metall. Trans.*, **16A** (1985), p. 1799

17) K. Somboonsk et al., *ibid.*, **15A** (1984), p. 967
18) J. D. Hunt, Solidification and Casting of Metals, The Metal Society, London (1979), p. 1
19) Y. Miyata and T. Suzoki, *Trans. ISIJ.*, **26** (1986), **26** (1986), p. 1002
20) 宮田保教 ほか, 日本金属学会誌, **49** (1984), p. 1086
21) K. A. Jackson and J. D. Hunt, *Trans. AIME*, **236** (1966), p. 1129
22) J. J. Favier and J. de Goer, Proc. of 5th European Symposium on Material Sciences under Microgravity, ESA SP-222, p. 127
23) L. L. Lancy and C. Y. Ang, NASA SP-412 (1977), p. 403
24) F. Barbier et al., Proc. of 5th European Symposium on Material Sciences under Microgravity, ESA SP-222, p. 101
25) C. Pofard et al., *ibid.*, p. 121

2 高品位半導体単結晶の育成と微小重力の利用

西永 頌*

　わが国の基幹産業の一つとしてのエレクトロニクス産業の発展は近年に著しいものがあるが，これを大きく計算機分野と通信分野とに分けることができる。後者は，さらに伝送と交換に分けることができるが，交換の分野は最近ではむしろ計算機分野に近づいている。この両分野のハードウエアを支えているのは半導体デバイスであり，前者にあってはシリコン集積回路が，後者にあっては今後，化合物半導体によるレーザーや受光素子が主役となろう。これらは，いずれも単結晶を出発材料とし，様々な加工プロセスを経て作られている。したがって，いかに結晶欠陥の少ない，また不純物の均一性に優れた結晶を作製するかが，性能の優れた素子を作製する上で，決定的に重要となっている。

　この目的のため，過去20年以上にもわたり研究者の努力が積み重ねられてきたが，集積回路の大型化，高密度化，ウエハーの大型化等，次々と新しい要求が出される度に素材単結晶レベルでの要求も年々厳しいものとなりつつある。

　半導体のみならず，近代産業においては各種の結晶材料が用いられている。固体レーザに用いられるルビーやYAGなどの結晶や，水晶発振器に用いられる水晶，光情報処理に用いられるKDPやADPなどの光学結晶，いずれをとってもより完全性の高い，より大型の結晶が絶えず求められている。このような状況のもとでは，常に従来技術を打ち破る新しい技術が要求されることになる。最近NASAのスペースシャトルを用いて各種の微小重力下での実験が行われてきており，わが国の科学者にも利用チャンスが与えられるようになった。この微小重力という場は，結晶成長に対しては一つの重要な自由度を与えており，この場のもつ能力を最大限引出して結晶成長に課せられる要求に応える必要がある。本節では地上における結晶成長の問題点と微小重力のメリットにつき考えてみたい。

2.1 高品位結晶成長技術の現状とその問題点

　理想的単結晶とは希望の不純物を均一に含み，転位等結晶欠陥が全く存在しないものといえよう。しかし全く欠陥のない結晶は熱力学的にはあり得ず，何らかの欠陥は常に存在しており，その意味で理想結晶は存在しないし，仮に一度作ることができても不安定なものとなる。さらに複雑な点として，欠陥をわざと導入することによって希望の性質の結晶を得ようとする試みも少なくないため，単純に欠陥のないものが良いということはできない。しかし欠陥を利用するときに

---

* Tatau Nishinaga　東京大学　工学部　電子工学科

第4章　宇宙材料実験 ── 新材料開発と宇宙利用 ──

も，欠陥の少ない結晶成長技術を持っていない場合，制御性よく希望の結晶を得ることは難しい。したがって，この場合にも基本的には低欠陥技術をその背景に持つといえよう。本章では，高完全単結晶の例として半導体単結晶をとりあげ，その技術の現状と微小重力下で何が期待できるかを考えてみる。

結晶成長の方法を大きくわけると次のようになる。
①融液成長
②溶液成長
③気相成長
④固相成長

このうち④は微小重力の効果が期待できないので，ここでの考察からは除く。①〜③はいずれも重力の効果を何らかの形で受けるので，微小重力でのメリットが期待できる。これらのうち特に微小重力のメリットが期待できるものは，融液成長であるので，ここでは先ず融液成長について考えてみる。さらに，結晶材料のうち，工業的に特に重要なものとしてシリコンⅢ−Ⅴ族化合物半導体がある。そこで融液成長の例としてこれらの結晶をとりあげる。

シリコンは結晶化したとき，その原子同志の結合が強いため，熱歪み等，もろもろの変型に対して強く，転位をはじめとする欠陥が入りにくい。その結果，シリコンに対しては現在までの結晶径に関しては比較的容易に無転位結晶が得られている。したがって，シリコンについては，不純物の不均一分布が当面の最も重要な問題となっている。

大型シリコン単結晶の成長方法には大きく分けて，チョクラルスキー（Czochralski法，CZ法）と，浮遊帯溶融法（Floating zone法，FZ法）がある。各々を図4.2.1，図4.2.2に示す。CZ法はFZ法にくらべ大口径の結晶成長に適しており，不純物濃度の均一性も優れているので最も多く用いられている。成長には石英ルツボを用いるので，これからの酸素の取り込みがあり，酸素を含む結晶が成長する。一方，FZ法はルツボを用いないので，低酸素濃度の結晶が得られる。

成長結晶における不純物の不均一分布は，融液中に発生する各種の対流が原因で発生する。小林[1]によればチョクラルスキー（CZ）法における対流は図4.2.3に示す5通りが考

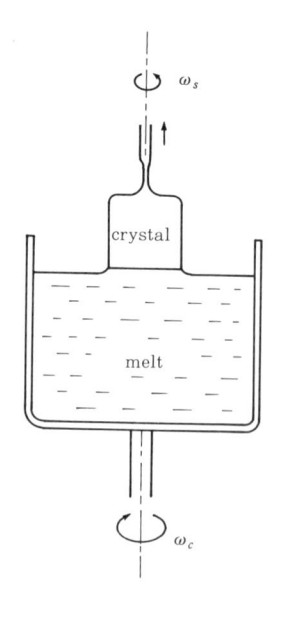

図4.2.1　CZ法の模式図

えられる。(a)はルツボの下部が ΔT だけ高温になっているために発生する熱対流を示しており，(b)は自由表面 ab に沿って温度分布が存在しているとき出現する表面張力の差が原因で発生するマランゴニ対流を示す。(c)は結晶成長が進むにつれて液面が低下するために生ずる流れである。また，(d)は引き上げる結晶の方を回転したときに発生する対流で，強制対流と呼ばれる。すなわち回転にともなって結晶に接している融液が回転し，これにより発生する遠心力により，中心から外側に向かって対流が起こる。(e)は(d)と逆にルツボを回転したときに発生する対流

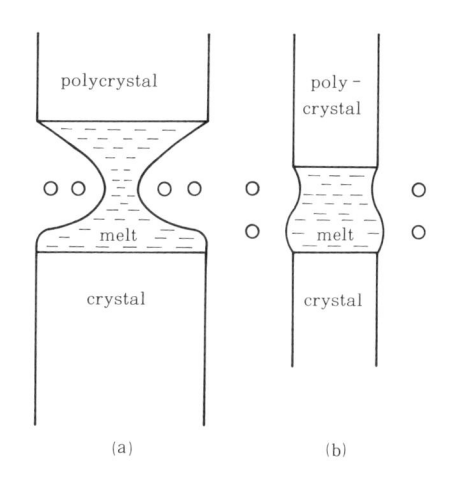

図4.2.2　浮遊帯溶融法(a)大口径の結晶成長，(b)小口径結晶成長の場合

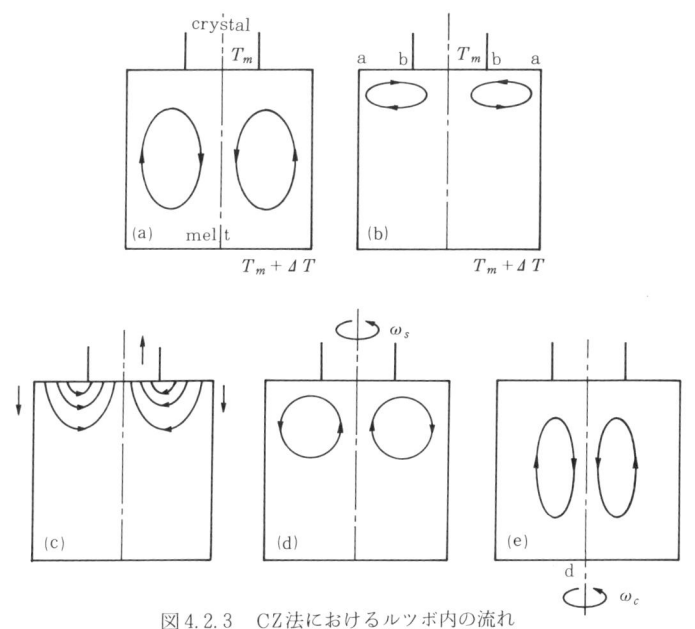

図4.2.3　CZ法におけるルツボ内の流れ
(a)自然対流　(b)マランゴニ対流　(c)結晶成長による流れ
(d)結晶回転による流れ　(e)ルツボ回転による流れ[1]

第4章　宇宙材料実験 ― 新材料開発と宇宙利用 ―

で，方向は，(d)とは逆になる。

　地上では以上のような6種類の対流が重畳して形成されているため，流れの様子は複雑であり，その解析は容易ではない。このような対流は，融液中で温度変動を引き起こし，これによって成長速度が時間的に変動することになる。結晶成長では，融液中の不純物や温度を均一化するため結晶を回転するのが一般的である。これを行うと，成長系内で必ず温度分布は非軸対称となっているため，固液界面で成長と融解が周期的に繰り返される。この効果が対流による成長速度の変動に重畳されることになる。

　シリコンの浮遊帯溶解法でも事情は同様であるが，この場合，温度の不均一性がさらに強いこと，および自由表面が多いことのため，熱対流，マランゴニ対流ともに強く発生する。したがって不純物の不均一性はさらに強く現れることになる。

　これらの不均一性を除く方法として知られているのは磁界を加えることで，数1000ガウス程度の磁界をかけると対流は止まり，融液の温度変動が停止する。しかしながら，現在のような大口径のSi結晶の成長系に磁界を加えるのは容易ではなく，生産現場でこれを広く採用するには至っていない。

　Ⅲ-Ⅴ族化合物半導体の結晶成長法は各種あるが，最も普通に用いられているのは液体カプセル結晶引き上げ法（Liquid Encapsulated Czochralski, LEC）と，水平ブリッジマン法（Horizontal Bridgman, HB）である。これらを各々図4.2.4，図4.2.5に示す。Ⅲ-Ⅴ族化合物半導体は，融点におけるⅤ族元素の解離圧が一般に高いので，CZ法のように装置内部に低温部分があると，融液からⅤ族元素がぬけその部分に移る。これを押えるため，LEC法では融液に液体状のふたをかぶせ，その上から不活性気体により圧力をかけⅤ族の散逸をふせぎつつ，結晶引き上げを行う。LEC法によるⅢ-Ⅴ族化合物半導体結晶成長における問題の一つは，Siと同様に不純物の不均一分布であるが，さらに重要な問題として欠陥，とくに転位の除去が困難である点にある。転位はその周辺に不純物の不均一分布をもたらすため，電子デバイス特性のばらつきを与える他，光学素子においては，劣化の原因や，効率低下の原因となる。シリコンと異なり，化合物半導体は塑性変形を起こしやすく，熱歪みによって転位が容易に導入される。この問題は特にLEC法のように温度不均一性がはなはだしい場合，結晶径

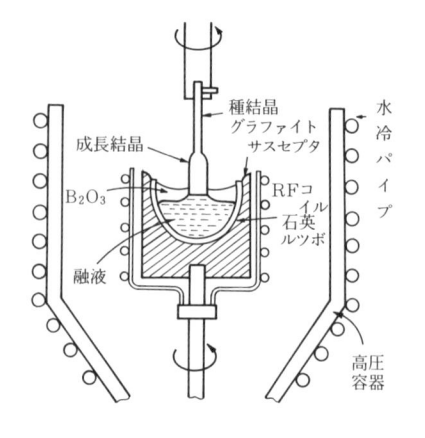

図4.2.4　LEC装置の模式図

98

が大きくなるにつれて益々解決が困難
となる。現在,GaAsの無転位結晶を
作る手段として注目を集めている方法
に,Inを加え混晶化することにより転
位の伝搬を抑え,結晶周辺からの導入
を阻止する試みがある。この方法は無
転位化には有効であるが,Inの導入に
よる格子定数の増加が,エピタキシャ
ル成長に用いた時ミスフィット転位の
導入の原因になること,Inの不均一分
布が起こること等,別の多くの問題も
発生させる点で理想的とはいえない状況にある。

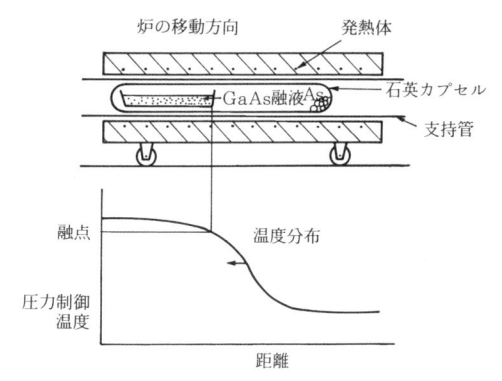

図4.2.5　水平ブリッジマン法の原理図
　　　　（種を使用しない場合）

　LEC法が,このような温度不均一にもとづく欠点を有するのに対して,HB法は抵抗炉を採用
しているため,温度均一性に優れ,かつ固液界面近傍での温度勾配もゆるやかであり,低転位密
度の結晶を成長させるのに適している。現在,とくに低転位が要求されるレーザー用基板結晶と
してはHB結晶が用いられているのは,このような事情による。しかし,HB法の場合,図から
もわかるように,地上では融液は重力によりボート壁に自重で押しつけられた状態にある。とく
に大型結晶になればなるほどこの圧力は高くなる。一方,Ⅲ-Ⅴ族化合物半導体をはじめ,閃亜
鉛鉱構造,ダイヤモンド構造をとる結晶は固化に際して体積が膨張するので,固化の際,自重に
よる圧力と体積膨張により,結晶には大きな歪みが発生し,これが転位を始めとする結晶欠陥の
導入原因となる。したがって,HB法で完全無転位の結晶を作るのは容易ではない。

2.2　微小重力下での従来の結晶成長実験

　微小重力下で半導体結晶成長が本格的に行われたのは,1970年代のスカイラブ時代にさかのぼ
る。WittらはSkylab Ⅲ,ⅣにおいてInSbのブリッジマン成長を行っている[2]。彼らは地上でIn-
Sb単結晶をCZ法により成長させ,これを石英アンプル等に封入し,微小重力下で一部を残して
融解させた後,再成長することにより単結晶を得ている。興味の焦点の一つは,微小重力下で対
流が停止すれば不純物縞のない均一な結晶が得られるかどうか,という点である。彼らの結果の
一つを写真4.2.1に示す。図中,上部は地上で成長させた部分で,強い不純物縞が見られる。こ
の不純物縞には,成長時結晶を回転するために形成されるもの（回転不純物縞,rotational st-
riation）と各種の対流にもとづくものが,重畳して形成されている。図中,下の部分は微小重
力下で融解固化した部分であり,これを見るかぎり不純物縞は形成されていない。これから,微

第4章 宇宙材料実験 ― 新材料開発と宇宙利用 ―

小重力下では熱対流はもちろん，マランゴニ流も完全に停止したものと思われる。Wittらの実験で注目すべきもう一つの点は，融液が石英管内壁から大部分浮いており，接していなかったという事実である。Ⅲ－Ⅴ族，Ⅵ族半導体は融解時体積が収縮するが，棒状の融液が，表面積を減ずるため球状に変化すれば，融液が石英管内壁に接しても不思議ではない。しかし，現実には結晶異方性の

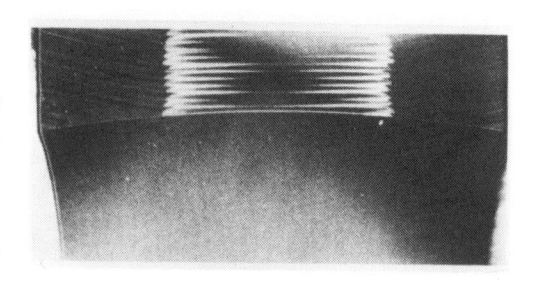

写真4.2.1 Skylab-ⅣでWitt等[2]が成長させたInSb結晶の断面エッチング写真
上部は地上で成長させた部分で宇宙では種として用いられた所。下地は宇宙で成長させた部分。不純物縞が消失している。

ために形成されるリッジ部をのぞき，大部分は内壁に接していない。したがって，石英アンプル管内での融液固化にもかかわらず，無容器状態でこのプロセスが完了したことになる。

Walter[3]も，Wittらと同様な方法により，InSbのブリッジマン成長を行っている。彼は，微小重力下で成長させた結晶の成長初期に対応する部分に原因不明の規則正しい不純物縞が形成されていることを発見した。これを写真4.2.2に示す。しかしこの不純物縞の間隔は次第に長くなり，やがて消失し均一な結晶になると報告されている。この不純物縞の原因については明らかにされてはいない。

次の本格的な微小重力下での結晶成長実験としてSL－1における半導体の結晶成長実験の結果を紹介する。SL－1の結果については本書の他の場所でもふれられているので，ここでは半導体の高品質結晶を得るという観点から概要を述べる。

SL－1ではSiとGaSb，CdTeの結晶成長が行われている。これらは，いずれもMHF（Mirror Heating Facility）と呼ばれるイメージ炉を用いて成長実験が行われた。この炉の模式図を図4.2.6に示す[4]。2個の，各々400Wのハロゲンランプを回転放物面の焦点位置に置き，もう一つの焦点が試料の融解部分に来るようにする。試料は両端で支えられ，回転

写真4.2.2 Walter[3]等がSkylabで成長させたInSb（Seドープ）結晶の断面エッチ写真
矢印は種部分（下方）と成長部分（上方）の境界を示す。宇宙で成長した部分にも不純物縞が見られる。黒い点は転位を示すエッチピット。(b)で示した写真は界面部分の拡大写真。
倍率 11倍。(b)の部分 80倍。

2 高品位半導体単結晶の育成と微小重力の利用

が可能になっている。

まずEyerらの行ったSiのFZ成長を紹介する[4]。彼らは,地上で成長させたSi単結晶を原料とし,これをスペースラブで融解再成長させるとき,不純物分布がどのように変化するかを調べた。彼らの電力投入プログラムと融液ゾーン移動の様子を図4.2.7に示す。試料は直径10mmϕ,長さ150mmで,一端をネッキングのため細めてある。このFZ実験は当初2回が予定されていたが,電源,冷却系統の事故で実験が遅れ,1本目は図4.2.7のプログラム通り全部にわたって融解・再成長が行われたものの多結晶となってしまっており,2本目は成長初期に融液が切れ失敗している。しかし多結晶になっても不純物分布についてはとくに問題はなく,興味あるいくつかの結果が得られている。まず融液の形状であるが,これを最後に固化した部分(ゾーンの移動を止め冷却した部分)から調べた様子を写真4.2.3に示す。同図(a)はSLでの結晶を,同図(b)は地上での結晶を示す。両図とも上方が未融解原料部,下方が再融解部である。図からわかるように微小重力場で成長した部分にも強い不純物縞が発生しており,何らかの対流が発生したことを示している。

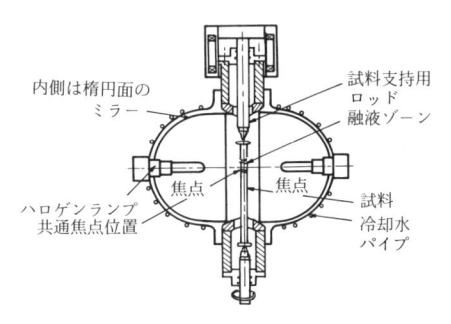

図4.2.6　SL-1で用いられたイメージ炉の模式図[5]

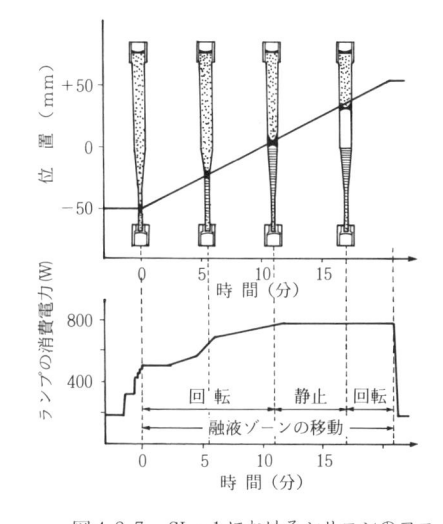

図4.2.7　SL-1におけるシリコンのフローティング
ゾーン実験の電力印加プログラム(下)と融液ゾーンの移動の様子(上)[4]。

また地上では融液は重力のため下にたれさがっているような形状となっている。さらに,SLで成長した結晶にはファセットが見られない。これは,多結晶となったため成長方位が<111>から大きくずれたためと考えられる。

成長軸に平行な断面の例を写真4.2.4に示す。(a)から(d)まで順にSLで成長した結晶で回転をしなかった部分(a),地上で成長させた結晶,同様に回転しなかった部分(b),SLで成長した結晶で

101

第4章 宇宙材料実験 ── 新材料開発と宇宙利用 ──

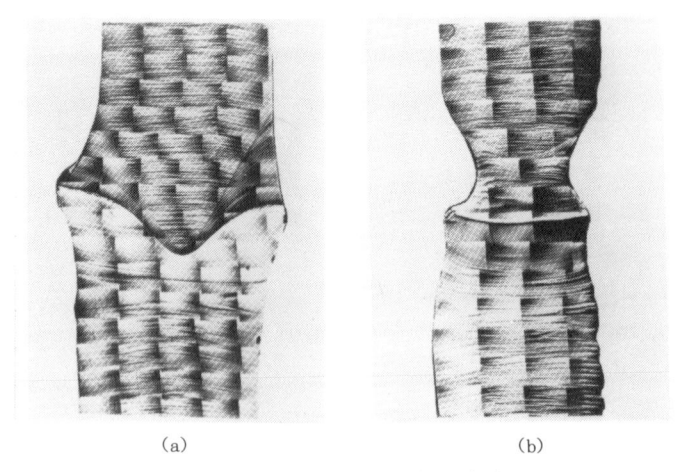

写真 4.2.3　FZ成長における最終固化部分
(a)微小重力場で成長した結晶，(b)地上で成長した結晶[4]。

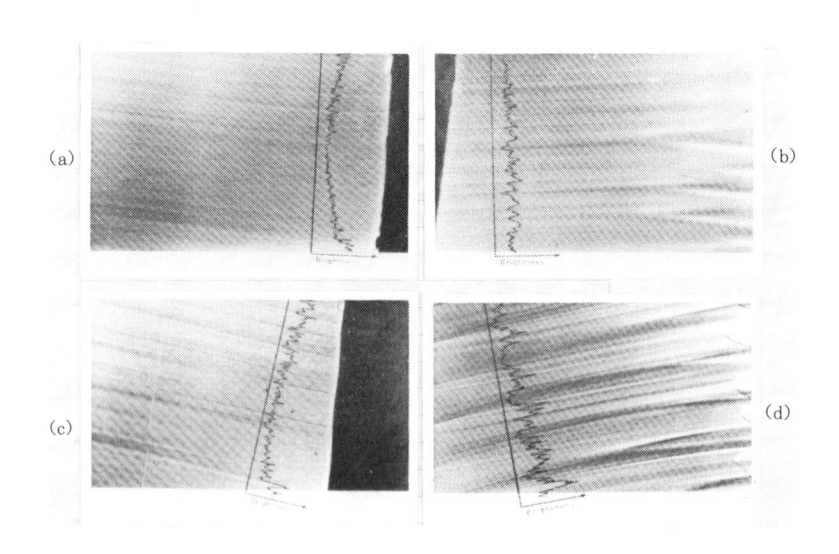

写真 4.2.4　FZ結晶の断面エッチ写真
(a)微小重力下での成長部分で結晶非回転。(b)地上で成長した結晶で同じく非回転部分。(c)微小重力下で成長させた部分で結晶回転を行った部分。(d)地上で成長させた結晶で結晶回転を行ったもの[4]。

結晶回転を行った部分(c)，地上で成長させた結晶で回転を行った部分(d)である。どの写真からもわかるように当初の予想に反し，いずれの場合にも強い不純物縞があらわれている。すなわち，微小重力下では熱対流が停止するので，少なくとも回転を停止した部分では不純物縞が消失すると思われていた。しかし，このように強い不純物縞が発生しているということは，何らかの原因で対流が発生したものと考えられる。Eyerらは，この原因は融液ゾーンの自由表面に沿って温度変化があり，そのため発生するマランゴニ対流であろう，としている。地上では熱対流をはじめとし，各種の対流が発生するので，マランゴニ対流の効果がどの程度であるか不明であったが，この実験から強いマランゴニ対流が地上でも発生しているものと考えることができる。

次に類似の実験ではあるが，KölkerはMHFを用いて，シリコンの球結晶の成長を試みている[5]。彼は，10mmφのシリコン単結晶棒を地上で作製し，この一端をMHFの焦点位置に置き，融解した。微小重力下では，この融液は球状となり，Si棒の一端に接することになる。このような融液球を形成した後，徐々に試料を下げ焦点位置から引きはなすことにより，棒の部分を種結晶としてSi融液球の結晶化が行われる。しかしながら成長結晶は球とはならず，紡錘状となる。これは融液が固相Siに対し，ある接触角を持つためである。Kölkerは，この結晶を軸に平行に切り，その断面をエッチングすることにより不純物縞を調べた。これを写真4.2.5に示す。

この実験では，試料は常に回転させ成長しているので回転による不純物縞とそれ以外の原因による不純物縞の区別がつかない。しかし，かなり強い不純物縞があり，その間に細い不純物縞が見られることから，前者が回転によるもので，後者がマランゴニ対流によるものと考えられる。以上，Siの融液成長では微小重力下でも不純物縞が発生すること，その原因がマランゴニ流によるものであろうと考えられることがわかったといえる。

写真4.2.5　微小重力場で成長させた
Siの球結晶断面エッチ図[5]
FZ結晶と同様，強い不純物縞が見られる。

SL-1におけるもう一つの結晶成長実験の組合せは，GaSbとCdTeの溶液成長である。地上における溶液成長では，熱対流に加えて，溶質と溶液の比重差にもとづく対流が発生する。これをGaSbを例にとって説明する。今，図4.2.8に示すように地上でGaを溶媒としてGaSbを成長させる場合を考える。種結晶を下に置き，その上にGaにSbを飽和させた液を置くものとする。その後，温度を徐々に下げると，種結晶の上にGaSbが析出する。溶液はGaが大部分で，そこにわずかSbが溶けている状態であるので，GaSb

が析出するとき，溶媒のGaを排除して結晶成長が進むことになる。言いかえると，もともとGaがほとんどで，そこにSbが溶解していた部分が，成長してGaSbになるため，一方でSbを吸収しつつGaを放出し，結晶成長が起こることになる。したがって，種結晶表面近くには，Gaがより高濃度の部分が形成され，種結晶から遠ざかるにつれて，もとのGa-Sb溶液組成に戻るような濃度分布となる。Ga-Sb溶液はSbの組成が高くなるに従い比重が大きくなるので，このような分布になると比重の大きな溶液の下に比重の小さな溶液が形成され，Gaの蓄積が進むにつれて対流が発生する。このような溶液の比重差にもとづく対流は，水溶液の成長でもしば

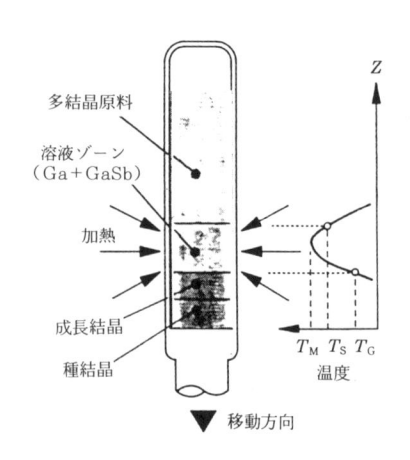

図4.2.8 GaSbのTHM（Travelling Heater Method）の原理図[6]

しば観察されており，良質の大型結晶を育成する場合の障害となっている。微小重力下では，この種の対流も抑えられるという可能性があり，溶液成長を微小重力下で行うメリットとなっている。

　西ドイツのBenzのグループはSL-1においてMHFを用いてGaSbの溶液成長を行った[6]。彼らは，溶液成長で品質の良いGaSbの大型結晶を成長させるためTHM法（Travelling Heater Method）を採用し，実験を行った。THMでは，種結晶の上にGa-Sb溶液を置き，さらにその上に原料GaSb結晶を置く配置となっている。これに温度差をつけ，種結晶を低温に原料結晶を高温に保つことにより，原料で溶解を，種結晶上では成長を連続的に行う。Schonholzらは同様な方法でCdTeの溶液成長実験を行った[7]。しかし，SL-1では，この両方とも予定された実験時間が終了する前に操作ミスや故障のために実験が中断されている。とくに溶液成長の場合，成長速度が遅いため，大きな結晶の成長を行うには長時間を要する。この場合も，GaSb，CdTeに対し各々30時間，17時間の成長が予定されていた。

　Benzらの報告によると，GaSbのTHM成長では，地上で見られる不純物縞の発生は減っているものの，別の種類の不純物縞（彼らはこれを第二種の不純物縞と呼んでいる）が発生している。この種の不純物縞は，マクロステップの形成によるもので，地上でもしばしば形成されるが，微小重力下では成長が拡散律速となるのでより顕著に現れる。Benzらの結晶断面写真を写真4.2.6に示す。

2.3 結晶成長に対する微小重力のメリット

すでに述べたように，電子材料単結晶に要求されている主なことは，

① 大型結晶の育成
② 低欠陥密度
　　特に化合物半導体では無転位結晶の成長
③ 不純物分布の均一性
④ 混晶（固溶体結晶）における組成の均一性

である。このような課題に対して，微小重力がどのような寄与をなし得るかを考えてみる。
2.2項で見た微小重力のもとでの結晶成長実験から主な微小重力のメリットをまとめてみると，

① 無容器成長
② 対流の停止
③ フローティングゾーンの採用が容易

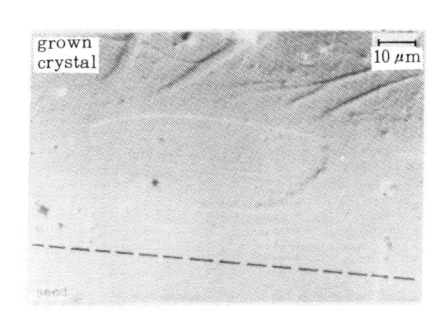

写真4.2.6　Benz等が微小重力下で溶液成長させたGaSb結晶の断面エッチ像
上部にマクロステップにもとづく不純物縞が観察される[6]。

であろう。①の，無容器成長に関しては，Wittらの実験が示したように，細長いアンプル管での融液ロッドについてもあてはまることに注意する。まず，無容器成長のメリットについて考えてみる。容器を用いた地上における化合物半導体の結晶成長の例には，GaAsやInPの水平ブリッジマン成長がある。すでに2.1項で述べたように，水平ブリッジマン法は温度環境に優れるため，低転位結晶の成長に適しているが，固化時に固液界面近傍には強い歪が発生し，これが転位の発生をもたらすことが知られている。このことも含め，結晶に対する容器の影響をまとめると次のようになる。

① 不純物の混入源となる
② 結晶欠陥の導入源となる
　ⅰ）多結晶核が容器壁で発生する
　ⅱ）双晶の発生が容器壁から起こる
　ⅲ）容器壁と結晶との接する部分に歪が発生し，転位が導入される

先ず不純物の混入についてはInPを例にとり説明する。図4.2.9(a)にその断面を示すように，In-P融液が石英ボードに入れられ，一端から固化され単結晶が得られる。この時，融液中のInが石英と反応し，

$$\frac{3}{2} SiO_2 + 2In \rightleftarrows 3Si + In_2O_3$$

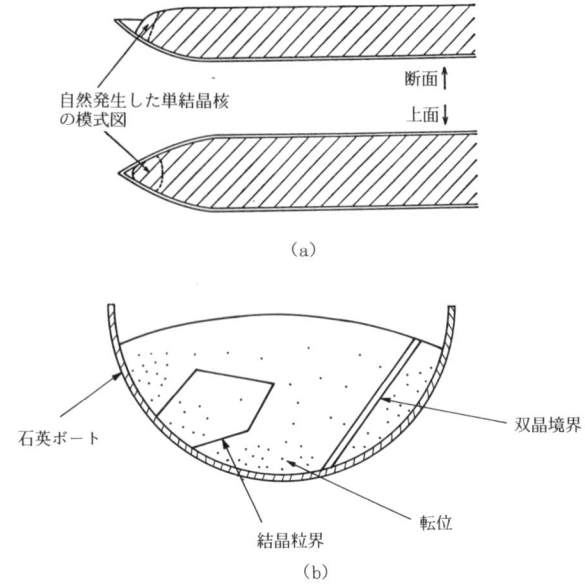

第4章　宇宙材料実験 ── 新材料開発と宇宙利用 ──

図4.2.9　InPブリッジマン成長における石英ボートと
　　　　融液（斜線部）(a)，ボート壁と成長結晶の界面から発
　　　　生する結晶欠陥(b)

の反応により融液中にSiがとり込まれる[8]。もし，成長系に低温部が存在すると，In_2O_3が蒸発して低温部に蓄積する。すると，平衡を保つべく，上記の反応が右に進むので，融液中のSi濃度は高まり成長結晶を汚染するため高純度，高抵抗の結晶が得られない。

　また，結晶欠陥の導入に関しては，その様子を図4.2.9(b)に示す。すなわち，ボート壁と成長結晶界面に発生する歪みから転位が導入されると同時に多結晶粒や双晶の発生がボート壁から起こるものと考えられる。したがって，微小重力下で，無容器状態で結晶成長を行うことにより高純度，高完全性の結晶成長が可能と考えられる。しかし，事態はそう単純ではなく，転位，多結晶，双晶等の発生原因は単一ではないので，諸条件を充分検討し，高完全結晶育成の研究を行う必要がある。現に，Wittらの実験でも，容器壁に全く接触していない部分にも双晶の発生が起こっていることが示されている。しかし，全体的にみれば，微小重力下の方が双晶の発生は減っており，明らかに微小重力の効果は現れている。

　以上のような現実的なメリット以外に，微小重力が結晶成長の基礎研究に与えるメリットも少なくない。その第一は，融液の振舞に関する研究に役立つ点である。地上ではすでに述べたように，多種類の原因にもとづく対流が発生するが，微小重力下ではこのうち重力にもとづく対流が姿を消す

ため，流れの様子が単純化する。極端な場合，融液を均熱の場に置けば全く対流が停止する。このような状態から出発し，温度勾配をつけることにより，マランゴニ流を発生させれば，この対流の性質をくわしく調べることができる。同様にして別の条件下で別の対流を発生させることにより，その対流の様子を調べ，このようにして次々と対流を発生させてはその様子を調べる。

対流が存在する場合には，結晶成長も対流により大きく影響されるので，結晶成長機構を調べる上でも対流は大きな障害となる。例えば溶液成長では，対流の発生とともに成長速度が急増し，成長系に乱れが発生することが知られている[9]。

その他，ファセット形成，成長速度異方性，形態不安定性といった結晶成長の基本的な問題も対流の有無によって大きな影響を受けるので，これらの現象をくわしく実験的に研究するためには対流の無い状態で行う必要がある。SL-3では，トリグリシンサルフュート（TGS）の溶液成長が行われた。この結晶成長実験では，フォログラフィーやシュリーレン写真の手法を用いて，溶液中での溶質の拡散の様子をくわしく調べている。このように宇宙実験も次第に手のこんだ高級な実験が可能になって来ており，結晶成長を学問的にとらえ発展させていこうとする試み，そしてそれに微小重力を利用しようとする実験も行われるようになって来ている。

2.4 おわりに

微小重力という環境は，従来の結晶成長技術にいくつかの自由度を与えることになり，これを最大限利用することにより，従来の壁を打ち破ることが可能となろう。しかし，現状ではあまりに実験が少なく，可能性の指摘にとどまらざるを得ない。地上においても，一つの技術を確立するには何十回，何百回の実験が必要なわけで，この過程でさらに新たな技術の芽が生まれ，次の発展につながるのが通常の形態である。宇宙実験もこの例外であるはずはなく，そのためには，多くの実験と失敗の積み重ねが不可欠である。そのような目で日本の宇宙実験をみると，あまりに実験機会が少ないことを感ずる。この点の改善が強く望まれる。

文　　　献

1) 小林信之，融液中の流れ，学振145第24回　研究会資料（1984）p.1.
2) A. F. Witt, H. C. Gatos, M. Lichtensteiger, M. C. Lavine and C. J. Herman, *J. Electrochem. Soc.,* **122** (1975) 276.
3) H. U. Walter, *J. Electrochem. Soc.,* **123** (1976) 1098.

4) A. Eyer, H. Leiste and R. Nitsche, Proc. 5th European Symp. on Material Sciences under Micro-gravity, Results of Spacelab -1, Schloss Elmau, FRG, 5-7 Nov. 1984, p. 173.
5) H. Kölker, ibid., p. 169.
6) K. W. Benz and G. Nagel, *ibid.*, p. 157.
7) R. Schönholz, R. Dian and R. Nitsche, *ibid.*, p. 163.
8) K. Pak, T. Nakano and T. Nishinaga, Doping Effect of Oxygen on Horizontal Bridgman Grown InP, *Jpn. J. Appl. Phys.*, **20 -10**（1981）p. 1815.
9) 小沼一雄，塚本勝男，砂川一郎，水溶液成長における密度対流の役割，日本結晶成長学会誌 13 - 1（1986）p. 93

3 これまでの宇宙材料実験

3.1 はじめに

梅田高照*，大平貴規**

現在まで，宇宙環境を利用した材料実験が数多く行われてきた。まずロケットを利用したものとして1971年のアポロ14号（米）によるものを初めとし同16，17号，スカイラブ（1973，米），アポロ＝ソユーズ（1975，米ソ），SPAR（1976～81，米），TEXUS（1977～81，西独），TT-500A（1980～82，日本），ELMA（仏ソ），サリュート（ソ連）などが挙げられる。さらに，1981年初飛行に成功した米国のスペースシャトルを利用することにより，実験継続時間の増大，打ち上げコストの低減，使用可能電力の増大などの点で宇宙材料実験の可能性が飛躍的に拡大し，GAS（1982，米），スペースラブ（1983～，米）等の計画が続いた。このうちSL-1の実験結果については次節で詳しく述べられるので，本節ではそれ以前の宇宙材料実験について述べることにする。

宇宙材料実験はいうまでもなく，宇宙空間で得られる微小重力の材料製造プロセスに及ぼす影響を調べ，宇宙における材料製造プロセスの利点および問題点を明らかにすることを第一の目的としている。材料製造プロセスに対する微小重力の効果としては，無重量（無容器溶解），無対流（液相中撹拌の影響の除去），無浮力，無沈降（二相分離合金，複合材料などの混合）が重要である。

本節では，アポロ，スカイラブ，アポロ＝ソユーズ，SPAR計画を中心に，SL-1以前の宇宙材料実験に関して概説する。これらの計画で行われた実験の数は膨大なものに上るが，紙面の都合上，重要と思われるものに限定した。より詳しい内容については文献を参照されたい。

3.2 アポロ計画[2]

長時間，微小重力下の実験は1971年のアポロの月飛行計画で最初に実現された。この計画では，以後の宇宙材料実験を行う上で参考となるような基礎的な結果が得られた。たとえば，油およびArガス中での伝熱，対流実験により，微小重力環境下では，液体の自由表面形状が表面張力により変化すること，油中では表面張力の勾配によって，セル対流が生ずることなどが確認された[3]。また，複合材料の製造において，地上に比して，SiC繊維，W粒子などをマトリクス中により均一に分散できることが示された。

---

*　Takateru Umeda　　東京大学　工学部　金属工学科
**　Takanori Ohira　　東京大学　工学部　金属工学科

第4章　宇宙材料実験 ── 新材料開発と宇宙利用 ──

3.3 スカイラブ計画

1973年に始まった米国のスカイラブ計画で，初めて本格的な宇宙材料実験が行われたといえよう。本計画では，結晶成長，金属基複合材料，共晶凝固，溶接，燃焼に関する実験を含む15の実験と，9件のデモンストレーションが行われた。実験は密封容器を用いたものと，いわゆる無容器溶解に大別され，主なものを次に挙げる。

3.3.1 密封容器を用いた実験

(1) 金属ハロゲン化物（NaCl－NaF）の共晶凝固

宇宙空間で育成した結晶は地上で製造されたものに比して，NaF-rich 相がより優れた方向性および連続性を有していた。

(2) Ⅳ－Ⅵ族化合物の気相成長[5),6)]

GeTe およびGeSe結晶が気相蒸着法により得られた。宇宙で得られた結晶はファセットがよく出ており，また，欠陥密度もかなり低いことが明らかとなった。これにより微小重力下の対流のない条件下でより優れた結晶が得られることが裏づけられた。しかしながら，結晶成長速度は，拡散輸送のみによるとするモデルや地上での対流存在下での実験に比べて5倍も大きいという予想外の結果も得られた。

(3) 放射性同位体をトレーサーとして用いた溶融亜鉛中の自己拡散係数の測定[1)]

放射性同位体として^{65}Znを用いて，溶融亜鉛中の自己拡散係数が求められた。また，地上での同条件の実験との比較から対流の影響が調べられた。図4.3.1にその結果を示す。左側が地上，右側が宇宙での溶解，凝固後の^{65}Znの分布を示したものである。実験は，^{65}Znの初期位置を試料左端，中央部，右端の3カ所に変えて行われたが，地上で溶解，凝固した試料では^{65}Znの濃度はほとんど均一となっている（左上の試料で濃度が不均一になっているのは，溶解が不完全であったためである）。これに対して宇宙で溶解，凝固した試料中の^{65}Zn濃度は典型的な拡散支配による分布を示しており，地上での均一な分布は対流の影響によるものであることが明らかとなった。また，濃度分布を理論解とフィッティングすることにより，溶融亜鉛中の自己拡散係数として4.28×10^{-5}cm^2/sという値が得られた。これは従来から知られている値より若干小さく，従来の値が対流の影響を含んでいることを示している。

(4) ゲルマニウム中のミクロ偏析[7)]

炉容量の制約上，試料長さが15mmにおさえられたため，定常凝固状態は達成されなかった。Ga，Sb，Bをドープした結晶の溶解，再凝固を行った結果，マクロ的にもミクロ的にもより良好な組成均一性が得られた。

(5) InSbの結晶成長[8)]

地上での対流による微小な温度変動にもとづく成長速度の変動（したがって偏析）の全くみら

3 これまでの宇宙材料実験

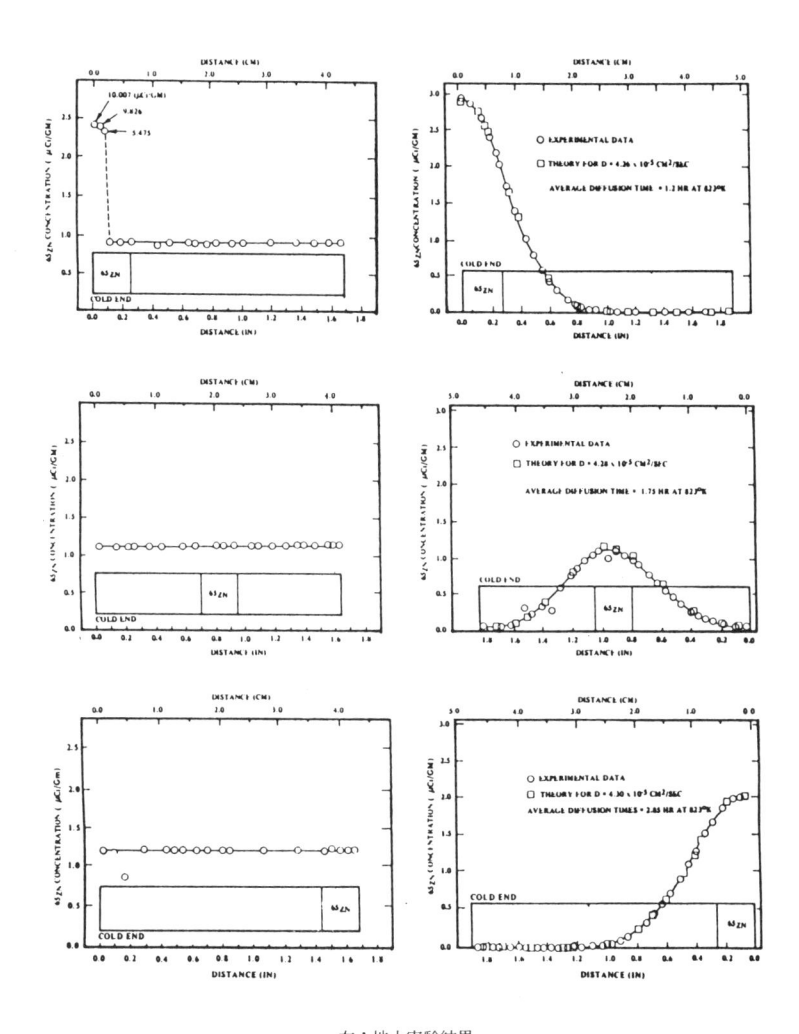

左:地上実験結果
右:宇宙実験結果

図4.3.1 ^{65}Znをトレーサーに用いた溶融亜鉛中の自己拡散係数の測定[1]

れない均一な組成をもつInSb結晶が得られた。これにより,多くの結晶成長における成長速度のゆらぎは重力に関連しており,微小重力下では除去可能なことが確認された。しかしながら,無容器凝固したInSbにはgrowth striationが観察され,これは自由表面が温度勾配を有する場

合に生ずるマランゴニ対流によるものであろうと考えられた。
(6) Cu-Al 共晶成長[4]
相の配列および連続性において，地上で育成されたものとの間に統計的な有意差はほとんどなかった。
(7) InSb-GaSb 混晶成長[9]
得られた試料は全て多結晶であり，地上で育成されたものより粒径がやや大きく双晶が少ない。しかし何故このような差が生じるかは明らかでない。

3.3.2 無容器溶解
(1) InSb の球状結晶成長[10]
セレンをドープした結晶において凝固の初期遷移領域において溶質と温度場の相互作用によると思われるストリエーションが観察された。表面のファセットは原子レベルで平滑であると思われるが，組成分析は行われなかった。
(2) 回転および振動に対する安定性を評価するための浮遊溶融帯の実験[11]
非軸対称，うずまき状のCモード不安定性が観察され，表面張力と粘性に関して解析された。円柱状溶融帯と静止液滴の振動挙動は予測した共振周波数および減衰定数から計算されたものとは異なっていた。
(3) 回転および振動条件下の液滴の挙動[12]
回転不安定性は非軸対称のピーナツ形であり，理論との対応は得られていない。また，液滴の振動挙動は予期された振動数を有していたが減衰定数は理論から予測されるものよりかなり大きい。これはおそらく大振幅の効果によるものと思われる。

その他，スカイラブの後期には一連のデモンストレーション実験が行われた。これらは微小重力の効果を示す教材を提供することを目的としていたが，いくつかの興味深い現象が観察された。たとえば，浮遊溶融帯をシミュレートする liquid bridge は2つの液滴に分離するまでに，長さと円周が等しくなる理論限界（Rayleigh limit）にまで発達することが示されたが，溶融帯が回転する場合，全く予期しない"jump-rope"状の不安定性が生じることが明らかとなった[13]。このような発見は，将来宇宙で浮融帯法によって結晶を成長させる場合に重要な知見となりうる。

3.4 アポロ=ソユーズ計画（ASTP）[14]
1975年7月のアポロ=ソユーズ計画では全部で28の宇宙実験が行われ，そのうち9件が材料実験（生体材料を除く）であった。1件は宇宙材料実験のための多目的電気炉の開発，7件はこの電気炉を用いた溶融，凝固実験であり，重力による沈降や熱対流のない溶融状態から凝固させて得られた材料の力学的，光学的，電磁気的性質を調べることを目的とした。このうち3件はス

カイラブ実験の継続であり，3件は新規，そして1件がアポロ＝ソユーズの共同実験であった。また，残りの1件は，アポロの船室の温度の水中で結晶成長を行うものであった。

3.4.1 宇宙材料実験用多目的電気炉の開発

ASTPで用いられた多目的電気炉は，スカイラブのそれを改良したものであり，同じ消費電力でより高温（公称1423K）を得ることができた。また，冷却速度を制御可能とし，かつヘリウムインジェクションによる急冷システムを用いることにより，実験後の冷却時間を20時間から3時間にまで短縮することが可能となった。これにより飛行中の実験回数が増した。各実験には図4.3.2に示す3個のステンレス鋼製カートリッジが用いられ，各カートリッジは1個ないし3個の

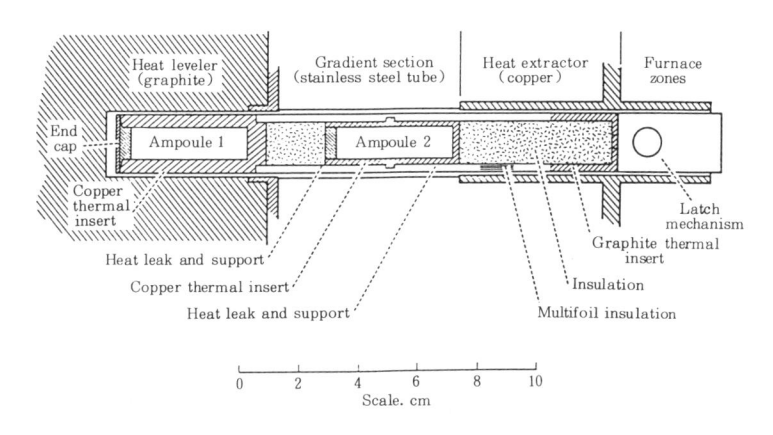

図4.3.2　ASTPで使用された多目的電気炉[14]

アンプルを含んでいた。3個のカートリッジは同時に実験に供された。

3.4.2 表面張力誘起対流実験

微小重力下において組成の変化に伴う表面張力の勾配によると考えられる対流を検出する目的で行われた。試料としてはPb-(Pb-0.05 at ％Au)対が選ばれ，ぬれ性のあるアンプルと無いものの両方を用いて実験が行われた。その結果，拡散では説明のつかない不完全な混合が生じていることが認められた。また，試料がぬれ性のないアンプルに接した場合，flow patternが生じ，その理由として流れが組成の勾配にもとづく界面張力勾配による，いわゆるマランゴニ効果が考えられる。この結果は，よく知られているno-slip conditionが微小重力下では成立しないことを示唆しているという点で興味深い。

3.4.3 偏晶系および包液系の溶融，凝固

微小重力の効果を調べるために AlSb と Pb-Zn 合金が用いられた。AlSb は Si を 30～50％上まわる高効率の太陽電池用として期待されているが，化学量論的な均一組成を得ることが困難な点と，水蒸気との反応性が強い点が製造上問題となっている。このうち後者は，地上で製造した場合，Al-rich および Sb-rich な第 2 相が生ずることと関係があると考えられている。宇宙材料実験の結果，巨視的にも微視的にも均一性が向上し，有害な第 2 相が 1/4 から 1/20 に減少した。

Pb-Zn 合金は Pb と Zn の大きな密度差のために地上では重力偏析が生じるが，微小重力下では Zn-rich 相の中に超電導相である Pb 粒子が微細に分散することが期待された。しかし実際には，試料が Miscibility gap の報告値より 40 K 高い温度に保たれたにもかかわらず，大部分の Pb は溶融前と同じ位置にとどまり混合はほとんど起こらず，実験は失敗に終わった。

3.4.4 結晶成長における interface marking 実験

一方向凝固における成長速度および偏析挙動を調べるために行われた。地上で育成された Ga をドープした Ge が部分的に溶融，再凝固された。また，凝固中 4 秒間隔で 55 msec の電流パルス（19.1 A cm^{-2}）を固液界面に与えた。界面における電流パルスに伴うペルチェ冷却によりマークがつけられ，これにより結晶成長速度が測定された。この結果，地上での育成とは異なり融液とアンプルの間のぬれがないことが明らかとなった。このように微小重力下でぬれ性が変化することは，宇宙空間における材料製造プロセスで重要な意義を有する。測定された成長速度は冷却開始と共に 0 から 7 μm/sec に急速に増大し，2.5 cm の距離にわたって加速した後，10.5 μm/sec の一定値に達した。この成長挙動は地上で得られた試料と同じであり，地上実験では対流が介在することを考慮すると，熱伝導が主要な役割を演じていることを示している。溶質分配に関する既存の全ての理論は凝固が一定速度で進むことを仮定しているが，この結果から理論を修正する必要が明らかとなった。溶質濃度は予想通り固液界面が約 1.5 cm 進む間増加することが示された。しかしながら，さらに凝固が進むに従い（成長速度がなおも増加し続ける間），溶質濃度は予想された定常的な値に達するよりもむしろ減少することが明らかとなった。

3.4.5 微小重力下での磁性材料の製造

この実験は微小重力下での高保磁力の材料の製造の可能性を調べるために行われ，材料として Mn-Bi および Cu-Co-Ce 合金が選ばれた。微小重力の効果は顕著であり，巨視的，微視的にもより均一な材料が得られた。また，地上に比べて 10 倍大きな単結晶が得られた（実際，単結晶の寸法はアンプルの大きさで制限された）。Mn-Bi 合金の保磁力は従来の値より 2 割から 2 倍大きく，未焼鈍の状態で 15 MAm^{-1} を上回った。これに対して，Cu-Co-Ce 合金では目立った改善が得られなかった。これは地上における希土類磁性材料の製造と同じ問題，すなわち，るつぼとの反応により，凝固界面の前方に金属間化合物の反応層を生じ，好ましくない磁性相の核が発生したことによる

3 これまでの宇宙材料実験

ものであった。

3.4.6 気相蒸着による結晶成長

この実験はスカイラブからの継続実験であり，微小重力下における気相からの種々の化合物の成長機構を調べるために行われた。スカイラブの実験では 3.3.1 項で述べたように GeI_4 を輸送媒質として用いることにより，より完全性の高い GeSe および GeTe 化合物が予測よりも大きな成長速度で得られた。これら IV-VI 化合物の気相からの結晶成長は，電子材料としての性能が化学的均一性や結晶の完全性にきわめて大きく依存することから非常に重要な意義を有する。ASTPにおける実験では他の化合物および固溶体がより大きな温度勾配の下で種々の輸送媒質を用いて製造され，スカイラブの実験結果が確認されると同時により複雑な合金系についても同様の結果が得られた。Ge-Se-Te 試料中の Te の分布の均一性は従来のものに比して 10 倍優れていたが，Ge-S-Se 中の Se の分布の均一性はそれ程顕著ではなかった。微小重力下では輸送速度は地上と同じかより小さいが，拡散から予測される値を 3〜5 倍上回った。

3.4.7 ハロゲン化合物共晶成長

NaCl のマトリックス中に LiF の連続繊維を有するハロゲン共晶化合物が製造された。この実験の目的は，赤外用光ファイバーを微小重力下で製造する利点を調べることであり，スカイラブの NaF-NaCl 共晶化合物の継続実験であった。LiF-NaCl の共晶インゴットが一部分融解された後，微小重力下で一方向凝固された。LiF の連続繊維が得られ，地上で得られた試料より広い波長範囲にわたってすぐれた伝送性と像質が得られた。

3.4.8 多種材料の溶融実験

この，アポロ＝ソユーズ共同実験では，カートリッジの中に各々異なった材料を封入した 3 個のアンプルが置かれた。1 つのサンプルには，両端にタングステン球と W-Re 合金を接合したアルミニウム棒が入れられた。この実験の目的は，比重の大きく異なる成分からなる化合物の形成のメカニズムを調べることと，高融点金属粒子と液相マトリックスの相互作用による拡散および金属間化合物の形成を調べることであった。高融点金属粒子は宇宙実験の間に移動したが，これはおそらく宇宙船の加速によるものと考えられる。2 番目のアンプルにはアンチモンをドープした Ge-Si 固溶体が封入された。この実験はこの半導体材料の均一な単結晶を得ることを目的として行われた。種結晶を用いた場合と用いない場合両方について一方向凝固により単結晶が得られたが，炉内の半径方向の温度勾配の影響により成分の均一な分布は得られなかった。3 番目のアンプルには，球の形成を調べるためにアルミニウム粉末と Cu-Al 共晶合金の粒子が封入されたが，地上で製造した材料と特に違いはみられなかった。

3.4.9 水溶液中での結晶成長

この実験は，実用的に重要な結晶を宇宙空間で室温水中で反応物質を拡散させることにより製

造する可能性を示すことを目的とした。低温プロセスは高温における相変態，成分の蒸発，熱ひずみ，容器壁からの汚染などの問題を避けることができる。地上において低温で結晶を成長させる最適の方法は反応物質をゼラチンを介して相互に拡散させるものである。この場合ゼラチンは成長する結晶を支持し対流を抑制する機能をもつが，ゼラチン中の拡散係数が低いことおよびゼラチン中に複数の結晶が生成することから大きな単結晶が得られず，また，ゼラチンからの汚染の可能性があるなどの問題点を有する。これに対して，微小重力下では結晶を支持したり対流を抑制する必要がないので，ゼラチンの代わりに純水が用いられた。結晶は図4.3.3に示す反応容器中で育成された。図中Aには水が入れられ，反応物質はBおよびCに入れられた。アポロとソユーズの共同実験終了後，BとCが開かれ反応物質は互いに拡散した。この方法により酒石酸カルシウム，炭酸カルシウムおよび硫化鉛の3種類の結晶が得られた。最も成功したのは酒石酸カルシウムであり，2mmに達する斜方晶と5mmに達する板状の結晶が得られた。また，一片が0.5mmに達する菱面体晶系の炭化カルシウム結晶が得られた。硫化鉛ではそれほど著しい成果はみられなかったが0.1mmの結晶が得られた。しかしながら硫化鉛については大気圏再突入までに反応が終了しなかったことが明らかとなった。いずれの反応においても温度制御の重要性が認識された。宇宙空間で得られた結晶は大きさ，質共に地上で同じ時間で得られる最高のものに匹敵した。

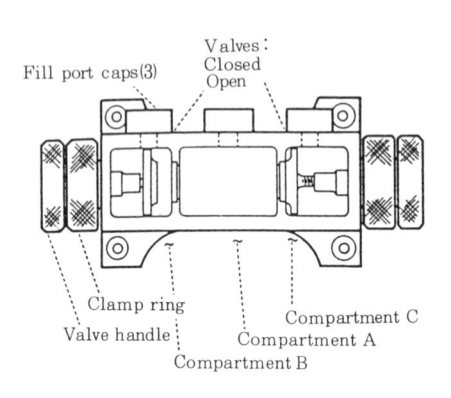

図4.3.3 水溶液中での結晶成長実験容器[14]

3.5 宇宙応用ロケット（SPAR）

　初期のスカイラブやASTP実験は，宇宙の微小重力下で生ずる重要な，また，予測しなかった様々な現象を見出すという点で重要であり，予備実験的性格が強かった。残念ながらASTP計画からスペースシャトルまでの有人飛行の空白期間は長く，この間本格的な長時間の実験を行うことができなかった。このため暫定的措置としてSPAR計画がたてられた。これらの飛行はいくつかの実験システムを搭載して10^{-4}g程度の微小重力を5〜7分間保つもので，当然のことながら実験的制約はスカイラブやASTPに比べてもさらに大きいものであった。しかしながら10回のSPAR飛行で約40の実験が行われ，新しい現象のテストおよび実験装置の改善に貢献した。い

くつかの実験では微小重力下における様々なタイプの流れが確認された[15]。また，無容器凝固において試料を保持するための超音波および電磁浮融法が開発された[16)~18)]。鋳造組織形成に対する重力の影響を調べるために遠心力および微小重力下で凝固が行われ[19]，微小重力の下では，2次デンドライトアーム間隔が変化するという予期しない結果が得られた[20]。また，偏晶系合金における相分離のメカニズムに関するデータが得られ[21]，主相とのぬれ性のよいるつぼを用いることにより相分離が避けられることが示された[22]。

また，一方向凝固炉を用いてMnBi/Bi共晶合金を種々の速度で凝固させたところ，微小重力下で得られた材料は地上で育成されたものよりも微細な棒状のMnBi相を有することが明らかとなった[23]。また，図4.3.4に示すように微小重力下ではMnBi相の間隔入と凝固速度Vの関係は，

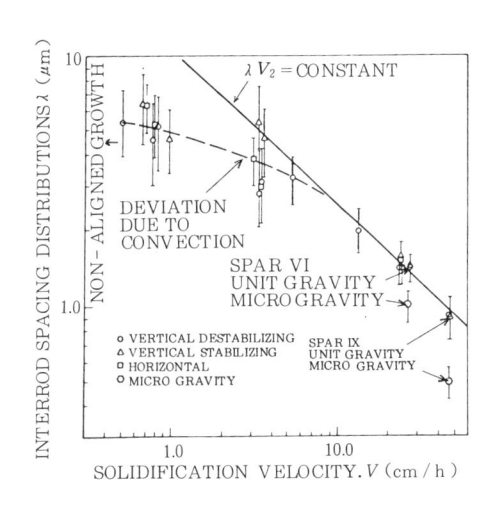

図4.3.4 MnBi/Bi一方向凝固共晶合金中の凝固速度Vと棒状MnBi相間隔入の関係に及ぼす重力の影響[1]

いわゆるJackson-Huntの関係$\lambda V^2 = \mathrm{const.}$[24]からずれることが明らかとなった。後に地上で強磁場により対流を抑制した実験を行ったところ，微小重力下と似た結果が得られた[25]。これはJackson-Huntのモデルが対流を考慮に入れていないことを考えると奇妙な結果であるが，この点については最近のSL-1の実験で新しい結果が得られている[26]。

第4章 宇宙材料実験 — 新材料開発と宇宙利用 —

3.6 おわりに

以上，アポロ，スカイラブ，アポロ＝ソユーズ，SPARを中心に，SL-1以前の宇宙材料実験に関して概説した。既に本文中でも何度か述べたように，宇宙空間での実験では対流，相分離のような重力に起因する因子を除去できるというメリットがあることは言うまでもないが，反面，重量，体積，電力，時間などの点で大きな制約を受けることも当然の事実である。したがって従来の実験結果は，全く同じ条件で重力の有無の影響だけを比較すれば，宇宙ではより優れた材料が製造できることを示しているが，地上で最適の条件で得られた材料には劣る場合もあるということを認識すべきであろう。

一方，地上では重力という強い力によりその存在がほとんど認められなかった様々な現象，特に表面張力など界面に関する現象が，微小重力下では大きな影響を生じ，微小重力という宇宙空間のメリットを十分に利用するためにはこれらの現象の理解が重要であることが改めて認識された。いうなればアポロからSPARまでの一連の宇宙材料実験はこれらの現象を発見する予備実験的性格をもっており，この間に得られた経験，知識が次のスペースシャトルを用いたより本格的な実験に活かされたという点にこれらの実験の意義があったといえよう。

文　　献

1) R. J. Naumann, "Material Sciences in Space", Springer-Verlag, (1986), 11.
2) J. R. Carruthers, *J. Crystal Growth*, **42** (1977), 379.
3) P. G. Grodzka and T. C. Bannister, *Science*, **176** (1972), 506 ; **187** (1974) 165.
4) H. Wiedermeier, Proc. 3rd Space Processing Symp., Skylab Results, Vols. 1 and 2, Ed, M. P. L. Siebel, NASA, June 1974, documents 74 N 29885 and 74 N 29905 from National Techn. Inform Service, Springfield, VA 22161.
5) H. Wiedermeier et al., *J. Crystal Growth*, **31** (1975), 36.
6) H. Wiedermeier et al., *J. Electrochem. Soc.*, **124** (1977), 1095.
7) J. T. Yue and F. W. Voltmer, *J. Crystal Growth*, **29** (1975), 329.
8) A. F. Witt et al., *J. Electrochem. Soc.*, **122** (1975), 277.
9) J. F. Yee et al., *J. Crystal Growth*, **30** (1975), 185.
10) H. U. Walter, *J. Electrochem. Soc.*, **123** (1976), 1098.
11) J. R. Carruthers et al., AIAA Tech. Public. No. 75-692.
12) M. G. Klett and S. V. Bourgevis, AIAA Paper No. 75-693.
13) J. R. Carruthers, Proc. 3rd Space Processing Symp., Skylab Results, NASA TMX-70252 (June 1974) II, 837.
14) R. T. Giuli, ASTP Summary Science Report, NASA SP-412

15) C. F. Schafer and G. H. Fichtl, *AIAA Journal,* **16** (1978), 425.
16) T. G. Wang et al., " Materials Sciences in Space with Applications to Space Processing ", 52 (1977), 151 - 172 (Leo Steg, ed.), New York, AIAA.
17) R. R. Whymark, *Ultrasonics,* **13** (1975), 261.
18) R. F. Frost and C. W. Chang, " Materials Processing in the Reduced Gravity Environment of Space ", 9 (1982), 71 (G. E. Rindone ed.), Elsevier Science Publish. Co. Amsterdam.
19) M. H. Johnston and C. S. Griner, *Met. Trans.*, **8 A** (1977), 77.
20) M. H. Johnston and R. A. Parr, *Met. Trans.*, **13B** (1982), 85.
21) S. H. Gelles and A. J. Markworth, *AIAA Journal*, **16** (1978), 431.
22) C. Potard, p. 543 in ref. (18)
23) R. G. Pirich, *Met. Trans.*, **15A** (1984), 2139.
24) K. H. Jackson and J. D. Hunt, *Trans. AIME*, **236** (1966), 1129.
25) D. J. Larsson et al., *Met. Trans.,* **15A** (1984), 2155.
26) G. Muller, European Symp., Materials Sciences under Microgravity, Results of Spacelab 1, ESA, SP - 222 (1984), 141.

第4章 宇宙材料実験 ― 新材料開発と宇宙利用 ―

4 SL-1の実験結果 ―― SL-1の成果分析 ――

4.1 半導体の結晶成長

熊川征司[*]

GaSb, CdTe, Si等の半導体の結晶成長がSL-1で行われた。以下、これらの結晶成長について報告されたことを詳細に述べる。

4.1.1 GaSbの半導体の結晶成長[1]

(1) 緒言

GaAsやInP等のⅢ-Ⅴ族化合物半導体結晶はオプトエレクトロニクス素子や高周波素子に利用する基礎的材料として重要である[2),3)]。それ故、結晶品質の高いⅢ-Ⅴ族化合物半導体結晶を製造する技術が要求されている。これは素子製造でのエピタキシャル層の作成工程において、単結晶基板の転位密度が低く、かつ不純物濃度が均一であることを必要とするためである。

このようなことから、宇宙で結晶成長実験を行う目的は地上と宇宙での結晶成長時における不純物不均一性と対流輸送現象を調べ、結晶品質を向上させることである。たとえば、地上でTe添加したGaSb結晶を成長させると、不純物の不均一性を示す縞が見出され、回転縞と非回転縞に分類できる。後者の非回転縞は溶媒帯中の浮力による不安定な対流から生じている。この不安定性は無次元のレーリー数の評価から、熱対流よりも溶質対流が寄与している[4)]。さらに、不純物の不均一性の理由として成長機構と対流や結晶回転等を結びつけた効果も考えられよう。

(2) 成長法と実験条件

GaSb単結晶を成長させるのに溶媒移動法（Travelling Heater Method：THM）が用いられた[5)]。その理由はこの成長方法が今後の宇宙での結晶成長実験に対する一つのモデルとして選ばれたからである。溶媒移動法は浮遊帯域溶融法の一変形で、融液帯の代りに溶液帯を置き換えたものに相当する。この方法はチョクラルスキー法やブリッジマン法等の融液成長法に比べると、①結晶成長温度を低くできるので、蒸気圧の問題がなくなるか軽減する。②低い成長温度は熱力学的理由から、非化学量論的組成による欠陥濃度を減少させる等の利点がある。これらはより完全な単結晶をもたらすから、溶媒移動法で成長させた結晶の転位密度は種結晶中のそれより数桁少なくなる。

さらに、この方法は低温度であるので、溶媒帯の表面張力が増加し、ルツボを使用しないⅢ-Ⅴ族化合物半導体の結晶成長にもよく適している。したがって、宇宙実験から次のようなことが期待される。①溶媒帯中に浮力が存在しないから、明確な定常的輸送条件が得られる。これは不

---

[*] Masashi Kumagawa　静岡大学　電子工学研究所

4 SL-1の実験結果 —SL-1の成果分析—

純物分布がより均一な結晶をもたらすことになる。②地上と宇宙で成長させた二種類の結晶を比較することにより，溶媒帯中の輸送機構や不純物縞の発生の情報を得る。

図4.4.1に溶媒移動法の原理を模式的に表す。3％のSbを含むGa溶媒帯を種結晶と原料結晶間に置き，この溶媒帯を加熱するのにイメージ炉（Mirror Heating furnace）を用いている。イメージ炉の断面図は図4.4.2に示されている。この炉は二つの楕円鏡が結合しており，各々の外

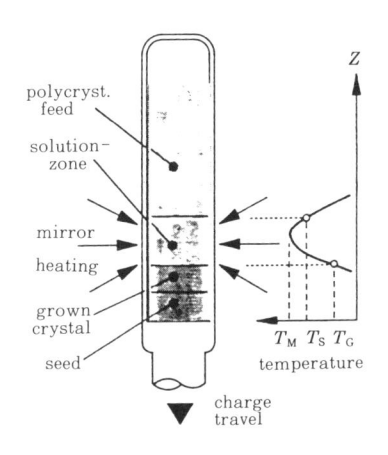

図4.4.1　イメージ炉による垂直配置での溶媒移動法（THM）の原理図

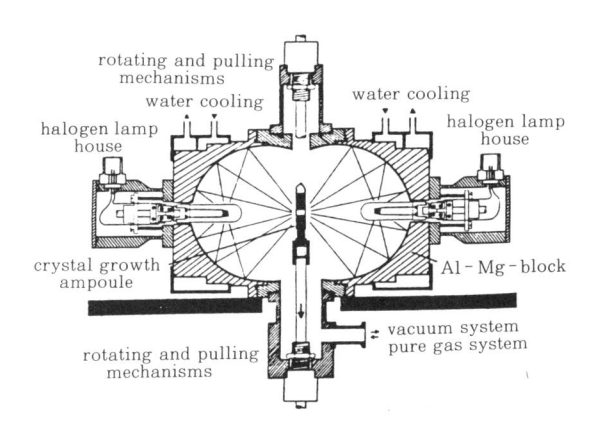

図4.4.2　二重楕円球型イメージ炉の断面（焦点距離 a/b ＝80/90mm）

部焦点に二個のハロゲンランプがある。共通する内部焦点の所に溶媒帯が来るように結晶試料を固定して，イメージ炉を移動させる。それ故，種結晶と溶媒帯界面での結晶化および溶媒帯と原料結晶界面での溶解は同時に起きる。溶媒帯中の溶質移動は拡散と対流がある。

　宇宙での実験では，石英アンプル中に封入密閉した結晶試料を垂直に設置して行われており，次のような実験条件にされている。結晶径：10mm，溶媒帯の幅：6mm，成長温度：530℃，成長速度：4.5mm/日，回転速度：8.4rpm，成長時間：24時間。

　回収した宇宙成長試料の微視的不純物分布を調べることによって，成長機構や輸送現象の基礎情報を得ている。そのため，顕微鏡観察できるように，試料は＜111＞成長方向に沿って切断され，その断面が研磨された。続いて，エッチ液（1：$KMnO_4$＋1：CH_3COOH＋1：HF）で表面処理された。

(3) 実験結果と考察

　実験は当初順調に開始したが，途中でコンピュータの故障が発生した。24時間結晶を成長させる予定が実際には半分以下の9.5時間しか実験されなかった。この結果として，3.5mmの予定成長距離に対し僅か150から200 μm の結晶層を得ただけである。

　地上と宇宙成長結晶の各々のエッチ後の写真を写真4.4.1から写真4.4.4に示す。結晶成長モホロジーから次のことがいえる。

①宇宙成長結晶では，不純物不均一性は地上成長結晶より一般に少ない。

②宇宙成長結晶では，ごく僅かの回転縞が成長初期の40μmまでの成長結晶中の主にファセット域に見られる（写真4.4.2）。これに対し，地上試料は成長域全域に渡ってファセット以外の領域にも，明瞭な回転縞が生じている（写真4.4.1と写真4.4.3）。

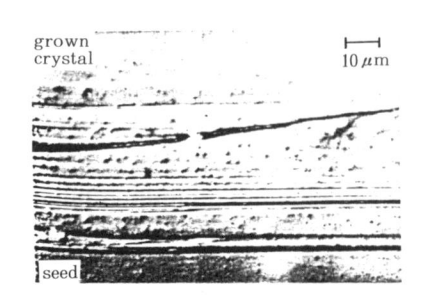

写真4.4.1　地上で成長させた結晶の成長方向に沿った断面のエッチ後の不純物縞（回転縞），アンドープの種結晶を使用

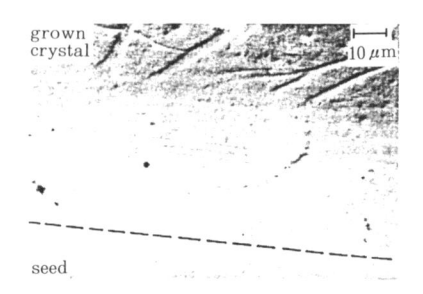

写真4.4.2　宇宙空間で成長させた結晶の成長方向に沿った断面のエッチ後の不純物縞（回転縞と非回転縞）

4 SL-1の実験結果 ── SL-1の成果分析 ──

写真 4.4.3　地上成長結晶の全断面の不純物縞

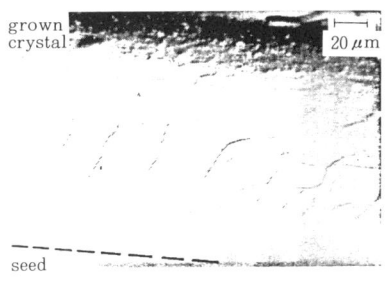

写真 4.4.4　宇宙成長結晶の全断面の不純物縞

③宇宙と地上の両試料共，$70 \mu m$ から $100 \mu m$ の成長結晶中に幾種類かの非回転縞が観察される。これらは，写真 4.4.2 や写真 4.4.4 に見られる成長機構によるタイプII型の構造縞[6]と未だ良く知られていない縞とに分けられる。宇宙成長試料では，後者の非回転縞はたとえばインクルージョン等の結晶不完全性の周りとファセット成長の最後の領域でのみ存在している。しかし，この種の縞は地上成長試料では全域でみられる。

④写真 4.4.4 に見られるように，宇宙成長試料の $100 \mu m$ から $200 \mu m$ までの最後の成長領域にはほとんど縞がない。

以上の観察結果から，地上試料での回転縞は対流によって形成されたことが分る。すなわち，イメージ炉を用いた時溶媒帯の温度分布は非対称になるから，結晶を回転させると自然対流は周期的に加減速されるようになる。これは熱対流効果のみの時と比較して，不純物濃度の大きな変調となって現われた。これに対し，宇宙空間においては熱効果や不純物変調は結晶回転の下で存在していた。

宇宙成長結晶のファセット域でみられる回転縞の発生は主に成長機構に起因していた。平坦なファセット界面上では，小さな温度変動に対しても過冷却や過飽和効果は敏感に反応するから，横方向に進む成長ステップによる対流の発生も宇宙では不純物含有に変調をもたらす大きな原因として考えねばならない。

(4) 結論

SL-1の実験から，目的の一つである不純物不均一性に関する情報が得られた。不純物の濃度変動が地上成長結晶よりも宇宙成長結晶でかなり少なかったことから，宇宙で結晶を成長させることにより不純物の均一性が増加したと結論できよう。この結果は素子生産に対しても非常に重要である。たとえば，溶媒移動法で成長させた GaSb 結晶を基板とした光検出器等では，暗電流が不純物濃度依存性を示すためである[7]。

第4章 宇宙材料実験 —— 新材料開発と宇宙利用 ——

非回転縞の発生や結晶品質については，カソードルミネッセンスやX線トポグラフィーで詳細に調べる必要がある。さらに，宇宙での成果を確実にするには，同じ実験を繰り返すことも重要である。

4.1.2 CdTeの溶液成長[8]

(1) 緒言

多くの高融点化合物は，融解に先がけて分解するため融液から固化できない。このような場合には，低温度で成長可能な溶液成長法がある。理想的な溶液成長を行うには，固液界面における温度と濃度が一定に保たれていることが要求される。すなわち，原料物質から成長結晶に溶液中の溶質が定常的かつ乱れなく流れることを意味する。ここでは，温度勾配が溶質移動の駆動力となる。

地上では，温度勾配は密度勾配による流れを導くので熱対流として知られている。とくに，この流れの乱れやふらつきが成長界面での温度や濃度の変動原因となる[9],[10]。さらに，これらの変動が成長速度に影響を与え，結晶成分や不純物の実効偏析係数が変化するために，結晶中に欠陥や微視的な不純物不均一性が持たらされる。これらは物理的性質に有害な影響となる。

他方，微小重力下では地上のような乱れのある流れは存在しない。物質や熱輸送が理想的な拡散状態で結晶が成長するから，完全度のより高い結晶が期待される。

(2) 実験方法

Te溶媒帯を用いた溶媒移動法によるCdTeの結晶成長が試みられた。この方法の原理，利点は前項に記されている。

写真4.4.5に示すように，溶融石英管が成長用容器として使われ，その大きさは内径10mm，長さ110mmである。先端部分に石英棒を接続し，イメージ炉（図4.4.2）の試料ホルダーに固定するアダプターとして使用する。横方向からの熱ふく射によって結晶界面形状が溶液側に凸状になるように，石英容器内壁はカーボン塗布が施されている。

成長容器への仕込みと作成手順を示す。

① 円柱状種結晶（18mm長），溶媒帯用Te板（5mm厚），原料CdTe（37mm長），および体積調整用石英棒（25mm長）を挿入する。

② 真空排気後水素ガスを700 mbarまで充填する。

③ 溶媒帯からのTeの流失と容器内の自由空間を最小にするために，Te溶媒帯を融点以上に加熱し，体積調整用石英棒を移動させる。

④ 10mbarに真空排気後，400 mbarのArガスを充填する。

⑤ 体積調整用石英棒の所で成長容器を封じる。

⑥ Te溶媒帯を1,060Kで6.5時間加熱して飽和させる。

4 SL-1の実験結果 — SL-1の成果分析 —

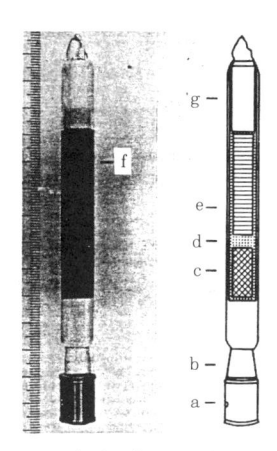

写真4.4.5 成長用容器の写真とスケッチ図

a：イメージ炉の試料ホルダーに取り付けるアダプター，b：保持棒，c：CdTe種結晶，d：Te溶媒帯，e：CdTe原料結晶，f：カーボン塗布膜，g：体積調整用石英棒

以上の予備処理に続く実際の成長過程の順序は以下の通りである。

①成長容器をイメージ炉に設置する。
②イメージ炉中を真空排気する。
③溶媒帯を870 Kに加熱して体積調整用石英棒の位置を再調整する。
④ランプ出力を88 Wに増加して，Te溶媒帯を1,070 Kの成長温度まで加熱する。
⑤溶媒帯の完全な飽和と種結晶の部分的エッチングのために，8 rpmの回転のもとで1時間保つ。
⑥イメージ炉を6 mm/日の速度で移動させて結晶成長を開始する。

回収した結晶試料と地上の参照用試料を評価するための手順は次の通りである。

①HF化学薬品で石英成長容器を溶かし結晶を取り出す。
②Te表面皮膜を加熱した硫酸液で溶かす。
③ワイヤソウで試料を切断する。
④順次研磨を行い，最終的に0.25 μm径のダイヤモンドペーストで仕上げする。
⑤E-エッチ液[11]で化学処理する。
⑥E-Ag 2液[11]で化学処理する。
⑦試料断面の写真撮影をする。
⑧拡大写真を並べて像全体を再生する。

第4章　宇宙材料実験 ── 新材料開発と宇宙利用 ──

(3) **実験結果と考察**

　宇宙空間での結晶成長時間として17時間が予定されていた。しかし、冷却液の流れに支障が生じたために、コンピュータ制御により結晶成長開始後6時間で電源が中断した。これはさらに冷却プログラムにも影響を与え、32分間で1,070 Kから870 Kに温度を降下させるところを急冷させる結果になった。したがって、成長層厚4.2 mmの計画に対し1.5 mmしか種結晶上には成長しなかった。成長層には熱歪による網状の（110）ヘキ開割れ目が生じた。

　宇宙成長結晶と地上で成長させた参照試料のエッチ後の断面観察から次のことがいえる（各々の断面スケッチが写真4.4.6と写真4.4.7に示されている）。

①AとK領域は各々種結晶と原料結晶である。両者共石英管中でCdTe融液からの一方向凝固によって成長させたもので、エッチピット密度は$4 \times 10^3 / cm^2$程度ある。a線は結晶成長開始前の種結晶と溶媒帯の固液界面の跡で、K域内のk線はツインラメラである。

②B域は種結晶上に成長したCdTe層の単結晶である。参照試料（写真4.4.7）では17時間で4.2 mmの成長に対し、宇宙試料（写真4.4.6）は6時間で僅か1.5 mmの成長である。宇宙試料のB域は網状の割れ目bで覆われており、急冷による熱歪から発生したと考えられる。多くの割れ目は直線でおよそ90°と60°であることから、（110）ヘキ開面の跡で切断面が（100）面に近いことを示している。一方、徐冷した参照試料ではごく僅かの不規則な割れ目がTeとCdTeの膨脹係数の差から生じていた。

③溶媒帯CにおいてはTe母相にCdTe結晶が入り込んでいる。これらの結晶は成長実験後の冷却過程で発生したものであろう。C域中の不規則な黒い点FはTe溶媒帯中の穴である。Teの固

写真4.4.6　宇宙成長試料の断面スケッチ図　　写真4.4.7　地上成長試料の断面スケッチ図

化収縮が原因である（Teの比体積：0.1805 cm^3/g（1,073K），0.1602 cm^3/g（293 K）[12]）。小さな球状の穴Gは溶媒帯中の気泡の残留物である。参照試料では気泡は浮力のためすべて上部界面に移動した。

④小さなTeインクルージョンHが常に成長層B中に存在している。そこでのエッチピット密度は種結晶Aよりも約1桁少ない。宇宙試料には熱歪等による割れ目が存在していたことを考慮すると，成長条件を正しく制御すればもっと完全性が高くなると期待できた。

⑤写真4.4.6と写真4.4.7でみられるように，固化した溶媒帯の形状は異なる。参照試料では溶媒帯に面する二つの界面は凸状であるのに対し，宇宙試料では溶融帯が圧縮されており，中央ではブリッジDと周辺部のトロイダルCの部分に分かれている。

これと同様の溶媒帯形状は地上でもイメージ炉の移動速度を非常に早くしたときに観察できる。高移動速度の下では溶媒帯域中央の温度が低下する結果，界面間距離が狭くなり，最終的には中央部が接触するようになる。環状の溶媒帯域のみがCdTeの結晶柱の囲りを移動する。このような現象は地上では約10 mm/日の臨界速度で生じた。宇宙実験では，限られた時間内に計画された厚さの結晶層を得る必要があり，6 mm/日の速度が選ばれたが，この速度でも早かったのであろう。これは溶媒帯域の周辺から中央に対流で移動する熱流がないために，より強い圧縮現象が生じたと思われる。

溶媒帯域の形状はTe量にも依存している。最初の円柱状Te溶融液は1,070 Kでの飽和過程で最も温度の高いCdTe結晶周辺部を選択的に溶かし込み，相対的に温度の低い中央の結晶界面で再結晶化が生じた。したがって，Te量が少ないときの平衡状態では，溶媒帯の厚さが周辺部で一定であるなら，中央部では益々圧縮されるようになる。この状態が続くと最後はドーナッツ状になるであろう。

⑥写真4.4.6のE域はTe溶媒帯の飽和過程で再結晶化した所である。下側の界面で観察されないのは溶媒帯がすでに横切ったためである。

⑦参照試料では1,070 Kから870 Kまで32分で冷却するように制御したので，Teの溶媒帯中のCdTe結晶粒は同じモホロジーを示しており，かつ一様に分布している。これは浮力による対流が温度差を同じにすると同時に溶媒帯域内を等しく飽和させる働きによる。さらに，不規則で丸味のあるTeのインクルージョンは固液界面上の核中心によって急速に析出したことを示している。他方，急冷された宇宙試料の溶媒帯域中のCdTe樹枝状結晶は石英管壁上の異種核が過飽和分を解消した結果生じたものである。

(4) 結論

宇宙空間においてCdTe結晶を溶媒移動法を用いて成長させた。実験が計画より早く終了したので，わずか1.5 mmのCdTe層しか種結晶上には成長しなかった。宇宙成長試料には急冷による

熱歪によってかなりの割れ目が生じた。それでも，地上成長試料に比べてエッチピット密度は低い値を示さなかった。

4.1.3 Si半導体の球状結晶成長[13]

(1) 緒言

Si半導体結晶は広く利用されているが，結晶中の不純物不均一性すなわち不純物縞は電子デバイスにとって好ましくない。この縞は結晶成長中の融液の熱変動に関係し，この変動は時間変化する流れによって生じている。しかしながら，Si融液流が浮力（重力駆動流）によるかマランゴニ効果（表面張力の局部的差異で持たらされる表面駆動流）によるかは未だ十分に知られていない。地上では二つの効果が互いに混合するので，詳細な研究は不可能である。宇宙では重力による干渉がないのでマランゴニ効果を研究するのに適している。それ故，宇宙実験の目的はSi融液中の表面駆動流の存在を見出すことにある。

なお，この逆の目的，すなわち石英管あるいはボロンナイトライド管中でSi融液を液体封止して表面駆動流を除去し，重力のみでもたらされる流れを研究することはすでに行われた[14]。この地上での実験では，時間変化する融液流を妥当なレーリー数でもって正確に示すことにあった。しかし，融液に自由表面が生ずると，亜臨界レーリー領域においても融液の流れ模様が存在し，重力のみでは説明し得なかった。このことは表面効果が存在していることを示唆していた。

(2) 実験方法

宇宙での実験は次のように行われた。

①CZ成長Si棒状結晶（N-形，$1〜50m\Omega cm$，11mm径，50mm長）をイメージ炉中に固定する。

②10rpmの速度で回転させながら，約$1cm^3$の液滴が生ずるようにSi棒の先端を加熱する。

③融解10分後Si融液部分を1mm/分の制御速度で高温領域から引き出す。

得られた宇宙試料を評価するために，結晶を長さ方向に薄片化し研磨，エッチを行う。エッチ液は（1：100ml H_2O中に8g CrO_3＋1：40％ HF）で，エッチ時間は1分である。

(3) 実験結果と考察

①写真4.4.8にみられるように，重力が存在しない宇宙空間ではSi棒先端の融液は完全に球状になる。写真4.4.9は液滴が凝固した後の写真である。液滴部分をイメージ炉の高温領域から引き出している間に，成長面が（100）方位を持つ単結晶棒上に一方向凝固した。成長した結晶は濡れ角度の関係[15]で球状から大きくずれ，ロケットの先端部分のように見える。試料回収後，化学処理をしたため光沢があるが，球滴とSi単結晶棒の両者の表面は薄い黒色の膜で覆われていた。この膜は球の表面に回転による線模様が刻み込まれていたことから，Siが未だ融解しているときに生じたものであろう。さらに，この領域でいくつかの透明のインクルージョンがSiCを示す結

4 SL-1の実験結果 ― SL-1の成果分析 ―

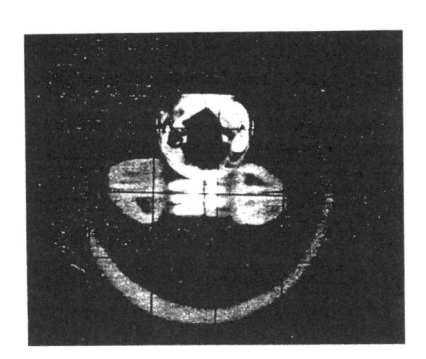

写真4.4.8　SL搭載中の溶融Si球　　写真4.4.9　凝固後の球を付けたSi単結晶棒

晶として見つけ出された。このことは多くのC不純物が存在していたことを示唆した。しかし，この後で行ったES321のSi結晶成長実験では存在していなかったことから，C不純物が何処から来たのか説明できない。Si球が不純物除去物として働き，後の実験に対して電気炉をきれいにしたことである。

②結晶には回転縞がみられる。イメージ炉は二つの楕円外焦点に二つのランプがあるので，180°の対称になっている。成長結晶が回転によって二つの高温領域を通るから，再溶解現象が生じ回転縞を形成することになる。それ故，隣り合う縞間距離は成長速度と回転速度の比の半分で与えられる。成長速度1mm/分で回転速度10rpmのとき，縞間距離は50μmとなる。しかしながら，宇宙試料においては非常に大きく変化しており，縞間距離は最初40μmであったのが球滴の2/3の所では300μmと大きく増加した。結晶化した最後の部分は80μmまで減少している。

この大幅な変化の説明として，C不純物によるSi融点の変化がもたらす成長速度の変動が仮定できる。Si-C相図において，ごくわずかのC量の増加で液相線が急激に上昇する。このことから，C含有量の増加とともに凝固温度が高くなって成長速度が増加し，SiCインクルージョンの析出によってC含有量が一定に保たれたときSi棒移動速度の1mm/分の値に落着いたのであろう。図4.4.3に縞間距離と回転速度から求めた球滴に沿った成長速度の変化の様子を示す。

③写真4.4.10から写真4.4.12までの写真に種々の縞模様を示す。結晶の表面では回転縞（写真4.4.10）が明瞭で，結晶の長さ方向に沿って容易に縞間距離が測定できる。しかし，結晶中の縞模様はかなり複雑で，回転縞のようにはっきりしない。再溶解や熱変動の程度がそれほど強くなかったためであろう（写真4.4.11と写真4.4.12）。それらは約10μmの間隔で回転縞の間に存在し

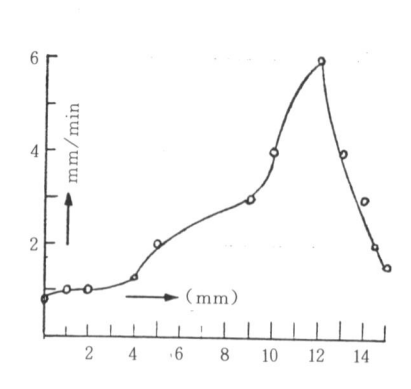

第4章 宇宙材料実験 — 新材料開発と宇宙利用 —

図4.4.3 球に沿った成長速度の変化
（左端が成長開始の所，右端が成長終了の所）

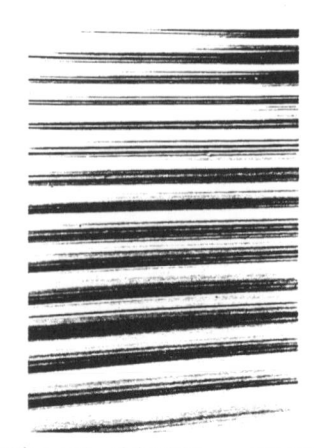

写真4.4.11 球表面下5mmの所の縞

写真4.4.10 球表面近くの非常にはっきり
とした回転縞

写真4.4.12 三本の回転縞と多くの非回転縞

ていた。したがって，二回対称の回転に加えて，他の温度変動を仮定しなければならない。地上実験から，それらの変動はマランゴニ効果で発生したと考えられる。しかし，明確にするには回転のない実験を繰り返す必要がある。

4.1.4　FZ-Siの結晶成長[16]

(1) 緒言

　ロケットや飛行機等の微小重力環境下では，重力依存と無依存の流れを区別できるので，結晶特性を決定する欠陥構造の研究が可能になる。すなわち，振動や乱れ等の時間変化する溶液中の

4　SL-1の実験結果 ─ SL-1の成果分析 ─

流れは，成長結晶界面での濃度や温度を変動させるから欠陥構造と関係が生じることになる。これが結晶成長速度に変動をもたらし，添加不純物分布に影響を与えている。

多くの結晶成長系では，成長過程で駆動力として加えられた温度勾配が溶液中の流れの基本的原因になる。それは密度勾配や表面張力勾配をもたらす。溶液中の密度勾配によって，重力環境下では浮力による対流と溶質流が生ずるが，微小重力の下ではこの流れは除去できる。表面張力勾配は浮遊帯域溶融法等の溶液が自由表面を持つ場合に関係する。自由表面に平行な勾配および垂直な勾配による対流，すなわちマランゴニ対流が発生する。この対流は重力に無関係である。

地上でFZ成長させると上記の二つの流れが存在するが，もし溶液を高周波誘導加熱した場合電磁界で溶液中に引き起こされた流れも考慮する必要がある。それ故，地上では個々の流れの寄与を推定することは難しい。微小重力下で非誘導加熱法が用いられたとき，表面張力駆動の流れのみが残る。

回転させた多くの半導体結晶には縞状の不純物偏析が観察される。これはいわゆる回転縞で，その縞間隔は回転速度に対する成長速度の割合で与えられ，mmの桁である。この縞間にさらに微小な縞，すなわち，非回転縞がμmの桁の間隔で存在している。微小縞は成長界面での融液流がもたらした温度変動によって生じている[17)~19)]。

宇宙での初期の結晶成長実験で，Witt等[20)]やWalter[21),22)]は微小縞は重力駆動の対流によって発生することを示した。ロケットを用いたGeのブリッジマン成長結晶には微小縞が存在していなかった[23)]。他方，Müller等は遠心力による種々の重力レベルで成長させた結晶中の縞と対流の関係を調べている[24)]。

Mo，Fe，酸化物等のFZ結晶には時間依存の表面張力流があり，それが微小縞の原因として指摘されている[25)~27)]。Kölkerは融液に自由表面のない状態で得られた結晶にも微小縞を見つけ浮力流によるとした[28)]。これに対し，自由表面がある場合の縞は表面張力駆動流である。

このように微小重力下での実験は縞がいかに重力に依存するのかしないのかを明らかにするために興味深い。SC-1ではSiの成長実験は二回行われた。

(2)　装置と実験方法

結晶を成長させるのにイメージ炉が使われた。融解帯域はイメージ炉の内部焦点の所に置かれ，二つの400Wのハロゲンランプで照射された。この方法の特徴は融解帯部分がふく射加熱されているので，電磁界力で発生する流れは生じない。さらに，宇宙実験では非常に重要な電力消費が少なくてすむ。たとえば，10mm径，15mm長の融解帯域を維持するのに800Wでよい。

地上の実験ではイメージ炉が固定され，試料ホルダーの上部と下部が各々独立に回転しかつ移動できるようになっている。しかし，宇宙で使用する炉は重量や空間を節約するため，回転試料を固定してイメージ炉を上下させている。したがって，通常行う転位軽減のためのネッキング操

131

作は行っていない．代りに，あらかじめ無転位結晶を写真4.4.13に示すように整形し，宇宙試料と地上参照用試料としている．これらの試料は10mm径のSi棒状結晶と＜111＞成長方位を持つSi種結晶を用いてイメージ炉で成長させたもので，6×10^{18} cm^{-3}のP不純物が添加されている．

宇宙実験の手順は次の通りである．

①Si試料をイメージ炉中に設置する．

②イメージ炉中を10^{-4} Torrに真空排気し，次に高純度Arで900 Torrに充填する．この操作は試料を約900 Kまで予備加熱するまで三回自動的に行う．

③図4.4.4に示す過程で成長させる．最初，結晶の首部を融解する．次に，500 Wランプ電力を用いて結晶を回転させながら5mm/分の速度で，融解帯を上方向に移動させる．融解帯が太い径の結晶まで移動する間に，電力を徐々に800 Wに増加させる．太径結晶に達した後は回転を止める．

④無回転状態で32mmの距離をFZ成長させる．この成長部分で微小縞のみが現われると期待できる．

⑤融解帯が試料上部に達するまでの19 mmの距離を8 rpmの回転下でFZ成長させる．この部分には回転縞と微小縞が重ね合わさるであろう．

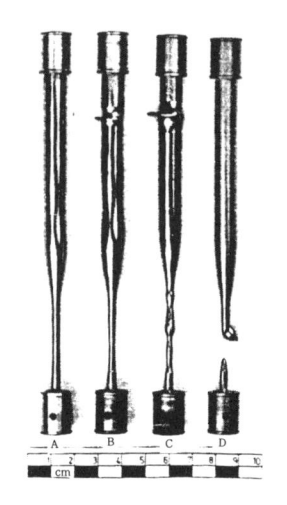

写真4.4.13 Si結晶
A：成長前の試料，B：地上で成長させた参照試料，C：宇宙で成長させた試料，D：首部分で溶媒帯が途切れた宇宙試料．

(3) 微小重力環境下でのFZ成長の問題点

ふく射加熱されたSiの原料結晶側の固液界面は結晶側が融液に対してわずかに凸状の円錐形になりやすい[29]．それ故，成長結晶と原料結晶の円錐頂上が接触することは避ける必要がある．無転位や単結晶成長の妨げになる．地上での実験から，融解帯域の長さLは融解帯の径をDとすると，少なくとも1.3D以上保たねばならない．Lの上限は地上ではヘイワングの式[30]から，

$$L = 2.84\sqrt{\sigma/(\rho \cdot g)}$$

で与えられる．ここで，σは表面張力，ρとgは各々密度と重力である．$D = 10$mmに対して，$L = 15$mmとなる．

微小重力下ではLはもっと大きな上限となり，レイリーの式[31]で与えられる．首部分（$D = 3.5$ mm）の帯域長さは$L = 10$mmまで安定である．$D = 10$mmの定径部分では$L = 31$mmまで可能となる．

このように，微小重力下ではSiの融解帯域長の臨界値が大きいため，試料に適当な長さの融解

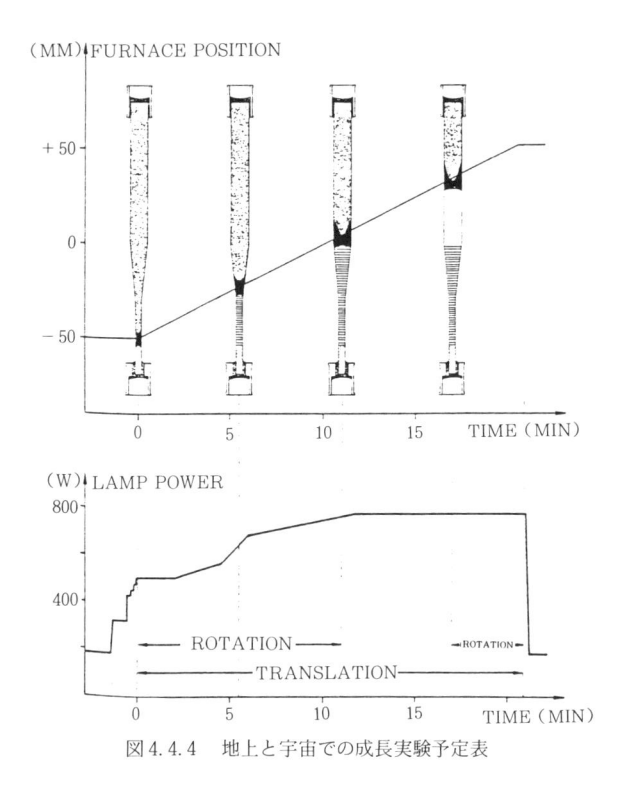

4　SL-1の実験結果 ── SL-1の成果分析 ──

図4.4.4　地上と宇宙での成長実験予定表

帯を生じさせるイメージ炉の電力が問題になると思われた。しかし，宇宙ではArガス雰囲気による対流熱損失が少ないから，大きな融解帯長が少ない電力で得られることがわかった。このことはロケット実験でも確かめられている。したがって，すべての成長過程が自動化されたが，試料の熱消費を調整するための手動制御が必要になることが予想された。

　第二の問題は微小重力下で融解帯の移動が困難となって結果的にとぎれることである。一様な断面を持つSiの結晶成長では融液のメニスカスと成長方向の間の角度は11°である[32]。地上では，融解帯は重力と表面張力の関係から下面で外方向に膨む。宇宙では，状態はまったく異なる。融解帯が形成すると融解による比体積収縮のため，円柱状を保てない。結果として，成長界面の径はメニスカスの角度が11°になるまで減少する。同じようなことはランプ電力を増すことによって，融解帯長が増加したときにも生じる。この後，成長結晶径は原料結晶径と同じになるまで増加するであろう。このように，結晶径の過度的減少は融解帯の安定性に大きく影響する。成長結晶径が一時的に原料結晶径より減少するから，安定な融解帯長がレーリー式で与えられる値より

133

も少なくなり，中断の危険が生じる。融解帯長の余裕は地上より微小重力下のほうがかなり少なく，非常に熟練された実験が必要となる。

(4) 微小重力下での実験

宇宙で二回のFZ実験を行い，その内一回は計画通り順調であった。融解帯が結晶の首部分で形成され，他端まで移動させられた。時間の多くは搭乗研究員がイメージ炉の観察窓の所のTVカメラを操作することができた。これらの様子は記録されコントロールセンターにいる実験者にすぐに電送された。

写真4.4.13（C）は宇宙成長結晶の写真である。不規則な形状の首部分は融解帯を調節するのに困難があったことを示している。断面観察から，ランプ出力の低下によって融解帯の開始地点から19mmの所に二つの界面が一時的に接触し，多結晶が発生した。成長が進むに従いいくつかの単結晶の集まりになっているので，実験はそれ故成功したといえる。実験に要した時間はイメージ炉への試料設置，取り出しを含めて205分であった。実験中の加速度は三つの垂直方向での測定では $(0.5 \sim 2.0) \times 10^{-3}$ g であった。

第二の実験は融解帯が移動開始した直後に融液が切断したため中止した。写真4.4.13（D）に示すように，融解帯の長さがあまりにも長く，結晶径も減少している。

(5) 結晶評価

同じ条件で成長させた宇宙試料と地上参照試料を次の方法で処理している。

①結晶表面の顕微鏡観察。参照試料は明らかに＜111＞方向に典型的に現われる120°毎の三つの突起縁がある。結晶粒界はみられない。他方，宇宙試料には成長突起縁は部分的に消失し，結晶粒界や双晶がある。

②ダイヤモンド鋸による切断。1μm径研磨剤による最終機械研磨後，サートルエッチ液[33]で不純物縞模様を出す。

③干渉顕微法によるエッチ処理断面の写真撮影。試料全域で350区分に分割している。

④写真を繋ぎ合せて完全な縞模様を再現。写真4.4.14から写真4.4.17に，両試料の非回転と回転領域を示す。縞の強度や周期をより定量的に示すために，写真フィルムの透過光測定で得た結果を写真に重ねて示してある。

(6) 結果と考察

①宇宙試料の成長模様は多結晶成長領域を示し，首部分から19mmの所で界面が接触している。広がった溶解帯がほんの少し移動した後で，やや大きい結晶粒が微結晶成長領域から成長したが，再び単結晶にはなっていない。Siの＜111＞成長でよくみられる中央部ファセットは再結晶領域には存在しない。参照試料の再結晶化部分と両試料の未融解部分にはファセットが見られる。

②写真4.4.14，写真4.4.15の写真は宇宙と参照試料の典型的な非回転縞を示す。両者共同じ間

4 SL-1の実験結果 ── SL-1の成果分析 ──

写真 4.4.14　宇宙試料の非回転部分の断面写真

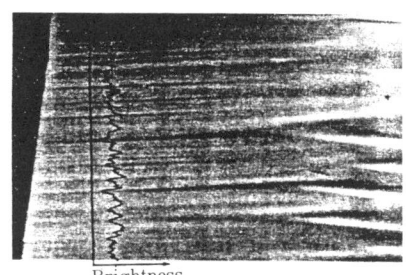

写真 4.4.15　地上試料の非回転部分の断面写真

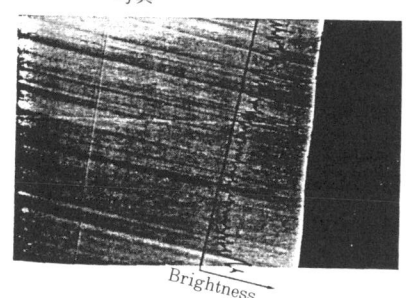

写真 4.4.16　宇宙試料の回転させた部分の断面写真

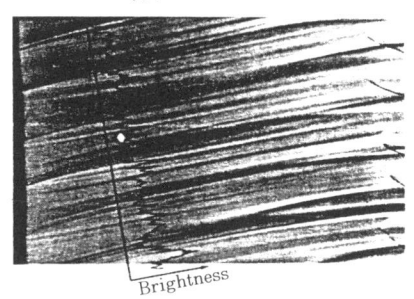

写真 4.4.17　地上試料の回転させた部分の断面写真

隔の微小縞（非回転縞）である。宇宙試料の縞模様の色調が弱いが，エッチによるものではない。この説明として，成長中の融解帯長（$L=1.2 \cdot D$）が相対的に狭いためであろう。参照試料（$L=1.5 \cdot D$）やロケットでの成長試料（$L=3 \cdot D$）では，融解帯長が大きく縞も強く現われる。表面張力流は融解帯の形状比に関係することは知られている[34]。それ故，弱い強度の不純物縞は短い溶解帯長によると推定できる。この流れは顕著な不純物不均一性をもたらさない。

③結晶の回転領域は写真 4.4.16，写真 4.4.17 に示されている。宇宙試料では回転縞は明瞭に現われていない。これは雰囲気ガスによる融液の対流冷却が中断したためであろう。

④写真フィルムの透過光測定から，宇宙試料

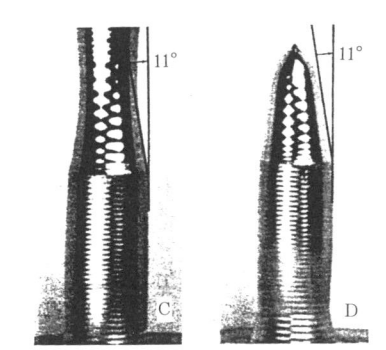

写真 4.4.18　写真 4.4.13（C），（D）の宇宙試料の首部分の拡大写真，11°のメニスカス角度を示している

には回転に対応した強いピークがない。微小縞は強度が弱く，両試料共微小縞間隔は同じであることがわかる。この実験では重力や電磁界によって駆動される流れはないから，ここで用いたSi融液の幾何学的大きさの場合には少なくとも時間依存の表面張力流が宇宙成長結晶中に微小縞をもたらしたと考えられる。

⑤写真4.4.18に示すように，宇宙で成長実験を行った二つの試料の結晶径はメニスカス角度が11°になるまで最初は減少し続ける。左側の結晶成長が成功した試料では再び結晶径が増加して安定になるが，右側のそれは融解帯が長くなり途中で結晶が切れている。

⑥融解帯形状を比較すると，宇宙試料では樽状に参照試料は重力のために融解帯下部で膨らみ中央部で凹みがある。メニスカス角度はともに11°である。このように融解帯形状の相違は固液界面形状にも影響する。宇宙試料は参照試料と同じように成長界面は融液に対してわずかに凸の曲率半径になっている。これに対し，宇宙試料の溶融面は参照試料の緩やかな凸状とかなり異なり，融液に先端が突きでた円錐形を示す。これは融解帯形状と熱流の相違に原因がある。

(7) 結論

①重力や電磁界駆動による流れを除去することによって，時間に依存する表面張力流が宇宙でFZ成長させたSi結晶中の微小縞の原因であることが実験的に明らかになった。

②参照試料と宇宙試料中の微小縞模様の類似性から参照試料でも表面張力流が存在するのがわかった。

③縞間隔が周期的でなく不規則であることから，Si融解帯の極端な条件下では乱れた表面張力流が存在していた。

④融解帯や結晶界面形状は両試料で異なっていた。

⑤宇宙での融解帯の安定性には問題があった。

融液が11°のメニスカス角度を維持しようとするために，結晶径が縮小し，融解帯が途切れた。

文　　献

1) K. W. Benz and G. Nagel, "Proc. of 5th European Symp. on Materials Science under Microgravity" Schloss Elmau (FRG), 5-7 November pp. 157-161 (1984).
2) K. W. Benz and E. Bauser, "Crystals ; Growth, Properties and Applicatons" ed. H. C. Freyhard, Springer, New York-Berlin, 1-24 (1980).
3) K. W. Benz, "Optoelectronic Materials and Devices" ed. M. A. Hermann, PWN Polish Scientific Publishers, Warszawa, 79-100 (1983).
4) G. Nagel, Ph. D. Thesis, University of Stuttgart (Germany FR) (1985).

5) K. W. Benz and G. Müller, "Proc. of 3rd European Symp. on Materials Science in Space" Grenoble (France) 24-27 April, ESA SP-142, 369-373 (1979).
6) E. Bauser, "Advances in Solid State Physics XXIII" ed. Grosse P, Vieweg, Braunschweig, 141-164 (1983).
7) T. Voigt and K. W. Benz, to be published in *J. Cryst. Growth* (1985).
8) R. Schonholz, R. Dian and R. Nitsche, "Proc. of 5 th European Symp. on Materials Science under Microgravity" Schloss Elmau (FRG), 5-7 November pp. 163-167 (1984).
9) S. M. Pimputkar and S. Ostrach, *J. Cryst. Growth*, **55**, 614-646 (1981).
10) T. A. Cherepanova, *Crystal Res. & Technol.*, **17**, 735-741 : *ibid.*, **17**, 807-814 (1982).
11) M. Inoue et al., *J. Appl. Phys.*, **33**, 2578-2582 (1962).
12) "Gmelins Handbook of Inorganic Chemistry" Te, Suppl. Vol. **2**, 72-73 (1983).
13) H. Kolker, "Proc. of 5 th European Symp. on Materials Science under Microgravity" Schloss Elmau (FRG), 5-7 November pp. 169-172 (1984).
14) H. Kölker, *J. Cryst. Growth*, **50**, 852 (1980).
15) T. Surek, *J. Appl. Phys.*, **47**, 4384 (1976).
16) A. Eyer, H. Leiste and R. Nitsche, "Proc. of 5 th European Symp. on Materials Science under Microgravity" Schloss Elmau (FRG), 5-7 November pp. 173-182 (1984).
17) H. C. Gatos et al., *J. Appl. Phys.*, **32**, 2057-2058 (1961).
18) A. Müller and M. Wilhelm, *Z. Naturforsch.*, **19a**, 254-263 (1964).
19) A. F. Witt and H. C. Gatos, *J. Electrochem. Soc.*, **113**, 808-813 (1966).
20) A. F. Witt et al., *J. Electrochem. Soc.*, **122**, 276-283 (1976).
21) H. U. Walter, *J. Electrochem. Soc.*, **123**, 1098-1105 (1976).
22) H. U. Walter, *J. Electrochem. Soc.*, **124**, 250-258 (1977).
23) H. U. Walter, to be published.
24) G. Müller et al., *J. Cryst. Growth*, **49**, 387-395 (1980).
25) J. Barthel et al., *Kristall und Tecknik.*, **14**, 637-644 (1979).
26) P. Vanek and S. Kadeckova, *J. Cryst. Growth*, **47**, 458-462 (1979).
27) K. Kitamura et al., *J. Cryst. Growth*, **46**, 277-285 (1979).
28) H. Kölker, *J. Cryst. Growth*, **50**, 852-858 (1980).
29) A. Eyer et al., *J. Cryst. Growth*, **57**, 145-154 (1982).
30) W. Heywang, *Z. Naturforsch.*, **11a**, 238-243 (1956).
31) J. W. Strutt (Baron Rayleigh), "On the capillary phenomena of jets" Scientific papers, Vol. **1**, 377-395 (1899). Cambridge Univ., Press.
32) T. Surek and B. Chalmers, *J. Cryst. Growth*, **29**, 1-11 (1975).
33) E. Sirtl and A. Adler, *Z. Metallk.*, **52**, 529-531 (1961).
34) F. Preisser et al., *J. Fluid. Mech.*, **126**, 545-567 (1983).

第4章　宇宙材料実験 ── 新材料開発と宇宙利用 ──

4.2　金属凝固

栗林一彦*

SL-1で実施された金属合金の凝固に関連した実験は

1. 偏晶合金の相分離
2. 共晶合金の方向性凝固
3. 発泡金属の生成
4. スキンキャスティング

に分類される。いずれもTEXUS等の小型ロケットを用いた短時間実験で繰り返し試みられてきたものである。

4.2.1　偏晶合金の相分離と凝固

偏晶合金系は地上での凝固では著しい重力偏析を生ずるが，微小重力環境では偏析のない均一分散相を生ずるものと期待され，アポロ，ソユーズ計画，小型ロケットを用いたspar計画等で多くの実験が行われてきた。しかしながらそのほとんどは粗大な相分離を生じ，均一分散相には程遠いものであった。我が国でもTT-500を用いた実験で同様の試みが行われ，組成の均一な液相を得るには臨界温度以上においても十分な時間の拡散を必要とすること，限られた時間内の融解，凝固では著しい相分離の生ずることが報告されている[1]。この種の実験に対しては，その後は均一分散相を得る試みというよりは相分離のkineticsについての考察が加えられるようになっている。SL-1では相分離におよぼす微小重力の効果という観点から，Langbeinが提案したいくつかの相分離の機構についての検討が行われた[2]。

図4.4.5はZn-Pb，Bi系の状態図で典型的な偏晶合金系となっている。SL-1ではこれらの二元系とZn-Pb-Biの三元系（図4.4.6）が用いられた。それぞれの組成は図中に示されるように，相分離の温度域が一定で偏晶温度での小量な方の液相（minority phase）の体積分率の異なるものと，小量な方の液相の体積分率が等しく相分離の温度域が異なるも

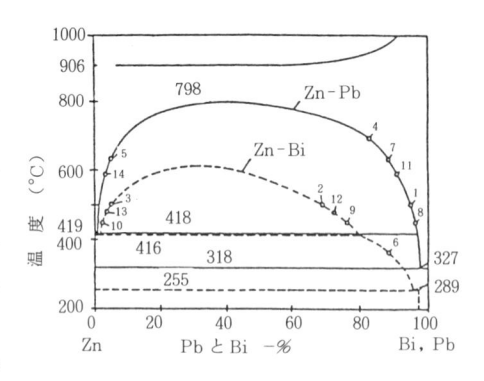

図4.4.5　Zn-Pb系，Zn-Bi系二元状態図[2]（数字は用いた試料に対応する）

---

*　Kazuhiko Kuribayashi　宇宙科学研究所　宇宙輸送研究系

4 SL-1の実験結果 ─ SL-1の成果分析 ─

のである。

写真4.4.19は得られた組織を示している。(a)はPb濃度の大きな合金においてZn相の分率が最も大きいものについてである。高温側（写真の短側面側）に巨大なZn相の液滴が認められ，低温側にはない。Pb濃度の大きな合金においてもZn相の分率が小さくなると液滴は小さくなる(b)。(c)はBi濃度の高い合金についてである。小量液相の体積分率は(b)と同じであるが，写真より明らかなように液滴の大きさは小さくなっている。Zn濃度の高い合金については，Zn-Pb合金が(d)に，Zn-Bi合金が(e)に示されている。(d)では，液滴の高温側への移動が認められるものの，全体としては細かく分布している。また(e)では，(d)のPb相の場合よりさらに小さく一様に分布している。これらの結果をまとめると，

(1) 液滴がZn相の場合，相分離の温度域を増大させてもZn相の体積分率が同じならば，液滴の大きさと分布には大差はない。
(2) 相分離の温度域が同じでも，Zn相の体積分率を減少させると液滴も小さくなる。
(3) 液滴の体積分率が等しいならば，BiあるいはBi,Pbの液滴はPbの液滴に比べて小さく分散する。

液相の相分離過程は液滴の成長とその移動に支配される。オストワルド成長は本実験に対しては高々10^{-3}cmの成長を与えるに過ぎない。また融液中の拡散係数は大差ないところから，本実験結果に対しては，

(1) マランゴニ力によって動いている液滴の衝突

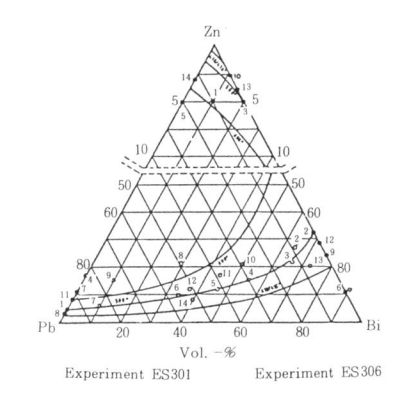

図4.4.6 Zn-Bi-Pb三元系状態図[2]（数字は用いた試料に対応する）

写真4.4.19 宇宙実験で製造した試料の組織[2]

(a): 301/4
(b): 301/11
(c): 301/9
(d): 301/14
(e): 301/10

第4章 宇宙材料実験 — 新材料開発と宇宙利用 —

による凝集

(2) 液滴のまわりの希薄相の重なり合いによる凝集と移動
が律速過程と考えられる。

マランゴニ力による液滴の速度は，Youngによれば

$$v = \frac{-2R \cdot \nabla \tau \cdot \nabla T (\eta_e + \eta_i)}{3\eta_e (2\eta_e + 3\eta_i)} \quad (\text{cm} \cdot \text{sec}^{-1}) \quad (1)$$

で与えられる。ここで η_e, η_i はそれぞれ溶媒と液滴の粘性係数であり，∇T は温度勾配である。界面エネルギーの勾配 $\nabla \tau$ (erg・cm^{-2}($K \cdot x$)$^{-1}$) は，

$\nabla \tau = \partial \tau_{l_1/l_2}/\partial(T, x)$

　　 $= -0.13$ 　　(Zn/Pbの場合)

　　 $= -0.34$ 　　(Zn/Biの場合)

とし，また

$\nabla T = 10$ K/cm

$R = 10^{-4}$ cm 　　(液滴の半径)

とすると，表4.4.1に示すようになる。
液滴のまわりの希薄相の重なり合いによる凝集移動の速度は

$$v = \frac{\tau \Delta C}{37} \quad (\text{cm} \cdot \text{sec}^{-1}) \quad (2)$$

であり，計算結果は表4.4.2に示すようになる。表4.4.2によれば，Biの液滴が最も遅く $v = 0.65$ cm・sec^{-1} ($450°$Cにおいて）であり，Pbの液滴は $\nu = 1.0$ cm・sec^{-1} ($450°$Cにおいて）である。このことは，上述の観察結果(3)によく符号する。

液滴が高温側に移動するのはマランゴニ力によると考えられる。すなわち Eq. (1)より明らかなように半径が 100 μm の液滴は1分間に60 mm移動し，器壁に到達することが可能となる。マランゴニ力のみを考慮すると，Zn中では Biの液滴が最も容易に動くことになるが，実際

表4.4.1 マランゴニ力による液滴の移動速度（μm・sec^{-1}）
ただし，$\nabla T = 10$ K/cm $R = 10^{-1}$ cm

l_2 in l_1 l_1 in l_2	450 °C	500 °C	550 °C
(Pb)in(Zn)	12	14	15
(Zn)in(Pb)	15	16	19
(Bi)in(Zn)	32	37	40
(Zn)in(Bi)	47	46	47

表4.4.2 液滴の凝集移動速度（cm・sec^{-1}）
ただし，$\Delta C = 10^{-3}$

l_2 in l_1 l_1 in l_2	450 °C	500 °C	550 °C
(Pb)in(Zn)	1.0	1.1	1.1
(Zn)in(Pb)	1.3	1.25	1.3
(Bi)in(Zn)	0.65	0.5	0.25
(Zn)in(Bi)	1.0	0.65	0.3

4 SL-1の実験結果 ― SL-1の成果分析 ―

には最も粗大化しにくかった。このことは，凝集移動の速度が液滴の粗大化を律速していることを示唆しているように思われるが，液滴の核生成の容易さ，あるいはその数などについての検討を加えていない点で不十分といわざるを得ない。特に冷却開始前の状態がどの程度均一になっていたかがその後の相分離過程に重大な影響をおよぼすと考えられる点に検討の余地が残っている。

　液相中の相分離に関しては，SL-1の結果そのものではないが，関連の報告としてGASを用いた以下の報告が注目される。

　これは偏晶合金系（Ga-Hg）に対して，相分離の動的過程をX線を用いて観察したものである。

　写真4.4.20は一液相領域からmiscibility gap内へ30 K/minの速度で冷却された時に撮影されたX線写真である。晶出の開始温度は状態図からの予測と比較的良く一致していた。液滴の成長速度はかなり大きく，直径は1分間で〜0.8 mmとなった。また均一に分散した状態とはならなかった。

　拡散による物質移動を次のように考察する。溶媒中のHgの平均濃度を$C(M)$，液滴表面での濃度を$C(R)$とすると，等温条件下での成長は

$$\frac{RDt}{2} = \frac{C(M)-C(R)}{C(O)-C(R)} = \varDelta C \tag{3}$$

で記述される。ただし，$R, D, C(O)$はそれぞれ液滴の半径，拡散係数，液滴内のHgの濃度である。163 °Cから148 °Cへの急冷を仮定するとEq.(3)の右辺は

$$C(M)-C(R)/C(O)-(R) = 0.040$$

となる。Eq.(3)において$\varDelta C \sim 1$とし，またGaの自己拡散係数を2.8×10^{-5} cm^2/sとして液滴の成長速度を計算すると，表4.4.3に示すように，計算値は実測値の1/6となり，拡散支配のみで

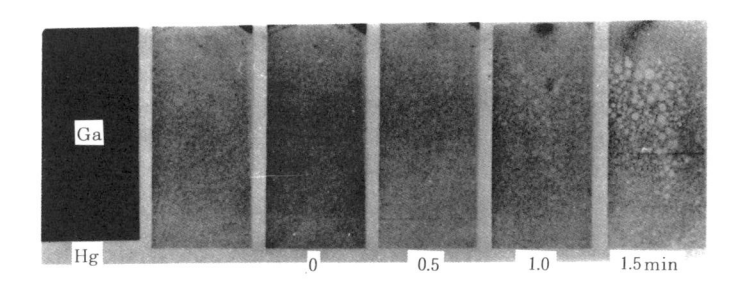

写真4.4.20　Ga-Hg系における30 K/分での冷却時の相分離の動的過程[3]

第4章 宇宙材料実験 — 新材料開発と宇宙利用 —

表4.4.3 液滴の大きさの計算値と実測値[3]

Temp. (°C)	Time (min)	$C(R)$ (at.%)	Diam. calc. (mm)	Diam. measured (mm)
163	0	16.6	0	0
148	0.5	13.5	0.055	0.3
133	1.0	11.0	0.13	0.75
118	1.5	8.8	0.22	—

は説明できない。上述のZn-Pb, Bi系の場合と同様，他の物質輸送の機構が働いているものと思われる。

4.2.2 共晶合金の方向性凝固[4]

共晶合金の共晶成長におよぼす重力の影響について，従来の共晶凝固が有効であるかどうかの検討が行われている。Al-Ge, Al-Cu共晶組成に対して得られた結果には，地上での結果と比較して特筆すべき変化は認められなかった。しかしAl-Ni共晶では表4.4.4に示すように繊維間距離（λ）に差異が生じた。

化学組成がちょうど共晶であるならば，共晶凝固界面に接している液相中の溶質境界層は3λ程度（$1 \sim 10\ \mu$m）であるから対流の影響は小さいと考えられる。しかしながら共晶組成からずれると，非共晶な過剰成分が生じ$3D/v$程度の境界層を持つようになる。ただしDは溶質の拡散係数，vは成長速度である。これは1 mm程度となるので対流の影響を受けると考えられる。Al_3Ni-Ni共晶のλの変化は共晶からのずれによって生じる可能性が以下のように考察されてい

表4.4.4 共晶凝固における繊維間距離 λ [4]

		G/R K.s.cm^{-2}	$\dfrac{\lambda_{1g} - \lambda_{0g}}{\lambda_{0g}}$	$\dfrac{f_{1g} - f_{0g}}{f_{0g}}$
MnBi-Bi	SPAR	1.8×10^4	+30%	~+7%
InSb-Sb	TEXUS		+30%	
	FSLP	3×10^4	~+20%	
Al_3Ni-Al	TEXUS	2×10^4	-17 ± 8%	
	FSLP	1.4×10^4	-15 ± 5%	~-9%
Al_2Cu-Al	TEXUS	2.2×10^4	0	
	FSLP	2.7×10^4	0	

SPAR, TEXUS：小型ロケットを用いた実験
FSLP，スペースシャトルを用いた実験

る。

　まず界面に接して溶質境界層 δ を考える。その中では溶質の移動は拡散支配であるが，外側では対流のため一様な濃度になっているとする。一次元モデルで考えると，界面境界層内の濃度分布 $C_L(x)$ は定常状態では次のように表わされる。

$$C_L(x) = \frac{1}{K}\left[C_o - (1-K)C_E + (C_E - C_o)e^{-\frac{v}{D}x}\right] \quad (4)$$

ここで C_o は境界層の外側の一様濃度，C_E は共晶組成，$K = 1 - e^{-\Delta}$, $\Delta = \frac{\delta}{D/v}$ である。界面におけるつり合いを考えると共晶組織に凝固する固体の平均組成は

$$\overline{C}_S = C_o - \frac{1-K}{K}\Delta C_E \qquad \Delta C_E = C_E - C_o \quad (5)$$

となる。共晶間隔は Jackson と Hunt によれば

$$\lambda^2 v = \frac{2D}{P}f_v\left[\frac{a_\alpha^2}{m_\alpha} + \frac{1-f_v}{f_v}\frac{a_\beta^2}{m_\beta}\right] \quad (6)$$

で与えられる。ただし P は界面形態に関する定数 $a_i^L = T_E \frac{r_i^l}{L_i}\sin\theta_i$, T_E は共晶温度，r は固液界面エネルギー，L は融解潜熱，θ は界面の接触角，$i = \alpha$ あるいは β, f_v は β 相の体積分率であり，

$$f_v = (\overline{C}_S - C_\alpha)/(C_\beta - C_\alpha) \quad (7)$$

と表わされる。ただし，C_α と C_β はそれぞれ α 相と β 相の濃度である。

　eq.(5)より K が変化すると $\overline{C}_S$ が変化し，eq.(7)より $\overline{C}_S$ が変化すると f_v が変化する。また eq.(6)より f_v が変化すると λ が変化することが理解できる。$1g$ と $0g$ で比較すると，

$$\frac{f_{v1g} - f_{v0g}}{f_{v0g}} = -\frac{\Delta C_E}{C_o}\frac{1-K}{K} \quad (8)$$

$$\frac{\lambda_{1g} - \lambda_{0g}}{\lambda_{0g}} = \left[\frac{1 + AC_E - A\Delta C_E/K}{1 + A(C_E - \Delta C_E)}\right]^{1/2} - 1 \quad (9)$$

となる。ただし $A = (a_\alpha^l m_\beta)/(a_\beta^l m_\alpha) - 1$ である。eq.(9)を Δ の関数としたのが図 4.4.7 である。縦軸は，液相が過共晶であれば正であり，亜共晶であれば負である。繊維状共晶では A が大きく（10〜100），λ は K，すなわち Δ に敏感であるが，層状共晶では A はほぼ 0 で，λ は Δ に鈍感である。よって表 4.4.4 のような層間隔の異常が共晶からの組成のずれと対流で説明できることが示されている。この研究では，K の変化から λ の変化を議論しているので，この推論を裏付けるには次のことを調べる必要がある。

(1)　$1g$ における K による $\overline{C}_S$ の変化と $0g$ における $\overline{C}_S$ との比較
(2)　$1g$ における K による f_v の変化と $0g$ における f_v との比較

(3) 0 g における ΔC_E による f_v と $\bar{C}_s$ の変化

密度差による対流がない場合の共晶成長実験としては十分な意味があり，流れの組織におよぼす影響を見出したことは評価されるべきであると思われる。しかしながら，微細組織を得る方法としては，地上でKを変え，Δを小さくした方がはるかに効果があることを示しているものと考えられる。

同様の方向性凝固は InSb-NiSb 擬二元共晶合金についても実施され，微小重力下で成長させた場合，InSb の中に分布する NiSb 繊維の間隔が地上の場合に比較して 30 % 減少することが見出されている[5]。

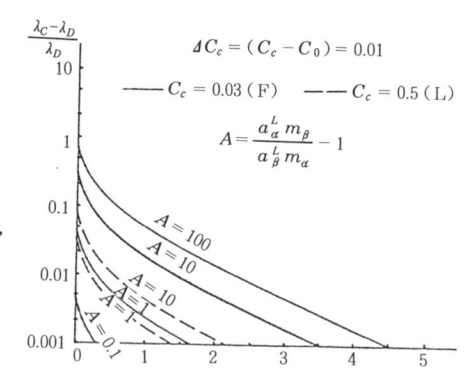

図 4.4.7 λ と Δ の関係（共晶組成から 1 % ずれた場合）
——— 繊維状
--- 層状

結晶の成長法としては電源を切った時の自然冷却が利用されているため，Eq.(6) を適用するには v が正確に得られていない点に問題が残るが，地上実験の結果により整理すると，単位面積あたりの繊維の数 N と v の関係は小型ロケットによる宇宙実験（TEXUS 10）の結果とよく一致している（図 4.4.8）。

4.2.3 発泡金属の生成

基地中に規則的に分布した気泡を持つような合金がつくられれば，新しい複合材料として多くの応用が考えられる。SL-1 では Al-Zn 合金を一方向凝固させ，Zn 蒸気による気泡を含む材料の生成が試みられた[6]。

気泡形成の原理は次のとおりである。Al-5 % Zn を，平滑な固液界面をつくるように凝固させると界面での液相濃度は 11.9 % まで上昇する。この濃度で，またこの濃度の液相線温度での Zn の蒸気圧は 3.15 Torr となり，界面から十分離れた位置の蒸気圧より高い値となっている。したがって，外圧が低下すると界面の位置に優先的に気泡が生成する。また Zn 蒸気の

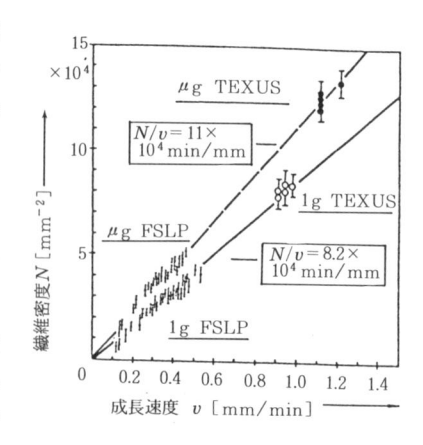

図 4.4.8 InSb-NiSb 擬二元共晶系における繊維密度と成長速度の関係[5]

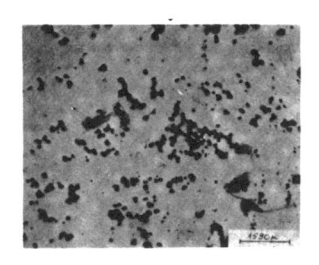

4 SL-1の実験結果 ─ SL-1の成果分析 ─

写真4.4.21 Al-5％Znにおける凝固終端に形成されたキャビティ[6]

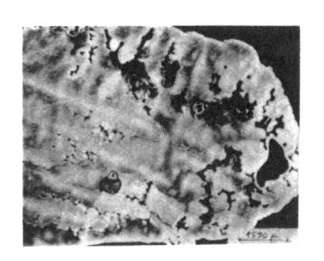

写真4.4.22 Al-2.5％Znにおける凝固終端にみられるデンドライト組織とキャビティ[6]

気泡の生成は強い吸熱反応であるから気泡の位置で凝固が急激に進行し，気泡を捕捉することができるようになる。

AlにZnをそれぞれ5％，2.5％，1％添加した合金に対して，デンドライト，セル，平滑界面となるような凝固を行った。融液中のZn気泡の核形成は，通常はルツボ壁や介在物の表面に限られるが，ここでは固液界面上でなければならないため，ルツボ材としてはアルミニウム液体との濡れ性の良いSiCを用い，ルツボ壁での核形成を抑えようとしたが，実際には試料とルツボ壁とは濡れなかったようである。

写真4.4.21は5％Znについての結果である。この試料では一方向凝固結晶の高温側の約1/4になってはじめて多量のキャビティが形成された。またデンドライト組織は認められなかった。これに反し，地上での同様の実験では明らかなデンドライトが出現した。2.5％Znについては，試料の終端部近くに顕著なデンドライトが認められ，二次枝間にキャビティが生成していた（写真4.4.22）。

SL-1では，写真4.4.22に示したようにキャビティの存在が認められるところから，固液界面でのZn蒸気の核形成を強調しているが，これには幾つかの問題点が考えられる。まず，写真4.4.22のキャビティは常圧下の凝固でも凝固収縮によっても現れるものであり，写真4.4.21のキャビティも，平滑な固液界面に接して生成したものとするには，そのZn濃縮の境界層厚さに比べて大き過ぎ，また方向が不規則過ぎる。これらのキャビティは，固液共存域に達してから，Znの濃縮と凝固収縮による減圧で生成したものとする方が無理が少ないように思われる。

4.2.4 スキンキャスティング[7]

一方向凝固結晶の微小重力下における製作法として，多結晶表面に酸化物や高融点金属を被覆し，任意形状の単結晶あるいは方向性結晶を得る技術はスキンキャスティング技術として以前より

注目されていた。SL-1ではNi基超合金および鋳鉄に対して，溶解，方向性凝固において安定なコーティング皮膜を用いたスキンキャスティングが実施された。

地上および小型ロケットを用いた実験において皮膜の安定性が既に検討されており，コーティング皮膜には熱膨張率の差によりクラックが生ずることが多いので，試料金属と同程度の熱膨張率を持つセラミックスがコーティング皮膜として用いられた。

一方向凝固後の試料縦断面の模式図は図4.4.9に示すとおりであるが，試料の分離や冷却端での気泡の発生などにより期待したとおりの結果は得られなかったようである。温度測定結果および断面観察より試料の凝固過程は図4.4.10のようなものと考えられる。まず1回目の融解加熱では試料中央部付近で始まり，融解に伴う体積変化により溶湯とセラミックス皮膜の分離が生じ，さらにガスの発生が起こったようである。再加熱ではガスの移動が生じ，温度分布が不規則なものとなって期待した一方向凝固は得られなかった。セラミックスコーティングによるスキンキャスティングを成功させるには，十分な皮膜強度を得ることやガスの発生を抑えるなどに注意しなければならない。

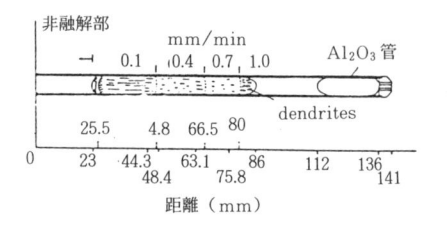

図4.4.9 試料の長手方向の断面図[7]

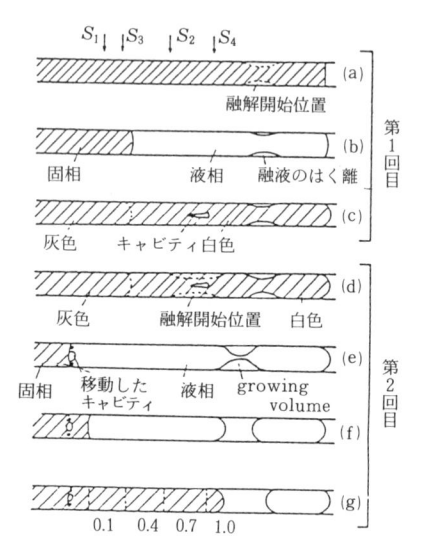

図4.4.10 2回の融解においての凝固の終過過程[8]

4.2.5 まとめ

偏晶合金の凝固の実験や発泡金属の生成は，微小重力環境下では，密度差に起因した対流や重力偏析がなくなるので，第二相や気泡が均一に分散した合金を容易に製造できるであろうという粗朴な発想がそもそものキックオフであると思われる。均一分散相の生成は，前述のようにほとんどの場合裏切られており，発泡金属の生成にも本質的な問題が潜んでいるように思われる。これらは実験手法の不完全さもさることながら，無重力環境は地上ではマイナーな効果であったマランゴニ対流を顕在化させることや，また拡散のみで組成を均一化させるには極めて長時間を要

4 SL-1の実験結果 — SL-1の成果分析 —

するなどのことが忘れられていたことが原因となっているように思われる。これらの先駆的な研究に対しては，我々は，今後の宇宙実験を推進するための授業料と受けとめるべきと思われる。実際，アポロ以後，SL-1に到るまで繰り返し行われてきた偏晶合金による均一分散相の生成や，発泡金属の生成といったミッションは，次のD-1では影をひそめ，付表に示すように，「非混合融液の相分離」とか，凝固界面における気泡，粒子の挙動などのより基礎的なミッションに変っている。我が国においても，凝固界面の安定性や凝固核の核形成などの基礎的な検討が今後の課題になるものと予想される。

<付表　D-1ミッション（材料実験関係）>

非混合融液の相分離	表面張力によって起きる対流
銅の凝固端におけるアルミナ粒子の挙動	液膜の付着力
多相系合金の一方向性凝固	マランゴニ流
溶融金属におけるオストワルド成長	器の中での液体の運動
ガラスの均質性	液体金属中の内部拡散
溶融・凝固端での粒子	タンパク質単結晶成長
スキンキャスティング	化学波による気泡の移送
金属複合材の溶解と凝固	臨界点での密度分布と相分離
共晶合金の核形成	温度勾配によって引き起こされた気泡の動き
シリコンの浮遊帯結晶化	凝固中の透明融体における境界層
Ga-Sb THM法による半導体成長	オープンボード中でのマランゴニ対流
Te溶液からのTHM法によるCbTeの成長	溶融塩中の内部拡散
シリコン球の結晶化	III-V族のTHM法による半導体成長
溶融Ag-Kl系の熱拡散	THM法によるPbSnTeの成長
Pb-Tl合金における気泡モルフォロジー	CdTeの気相結晶化
ドープInSb結晶の成長速度	InSb-NiSb共晶の一方向凝固
Al-Cn合金のデンドライト凝固	固液界面拡散
Ge/GeI$_4$化学成長	凝固先端での対流
Ge/In気相における熱対流	比熱
液体スズ中のコバルトの熱泳動	液体ZnとPbの拡散
マランゴニ対流-相変化との関係	液相における混合性
温度勾配下での液体と気泡の力学	混晶型半導体結晶の気相成長
透明流体の混合と非混合	低重力下での半導体結晶成長
浮遊帯の流体力学	溶融ガラスの無容器での取り扱い

第4章　宇宙材料実験 — 新材料開発と宇宙利用 —

文　　献

1) 新居和嘉, 星本健一, 日本金属学会報, **25** (1986) 840
2) H.Ahlborn and K.Lohberg, 5th European Symp. Material Sciences under Microgravity, Results of SL-1, 1984 ESA, p.55
3) H.Otto, ref.2, p.379
4) J.J.Favier and J.de Goer, ref.2, p.127
5) G.Muller and P.Kyr, ref.2, p.141
6) C.Portard and P.Morgand, ref.2, p.121
7) H.Sprenger, ref.2, p.87

4 SL-1の実験結果 ── SL-1の成果分析 ──

4.3 流体運動
4.3.1 流体運動の重要性

宮田保教[*]

(1) はじめに

流体現象そのものの研究は，気象学や天体物理学などの観点からも，また材料研究の観点からも重要である[1)~3)]。

材料製造プロセスは通常その過程にガス／液体，液体／固体，固体／ガス，あるいは液体／液体などの界面を有する現象を伴う。そして，これらの界面近傍には溶質のパイルアップなどに伴う溶質濃度の勾配が生じている。また，この界面によって分けられた二つの相の間には必然的に温度勾配が存在する。

一方，流体に発生する流動は，外部から与えられる強制流動の他に，
1) 重力 G により変化する流動
2) 重力 G と無関係な流動
3) μG の場合に支配的になる流動

に分けて考えることができよう。1) の代表的な例としては，流体中に比重差が存在する場合や，流体中に流体と異なる比重の物体が存在する場合に，浮力により引き起こされる対流が挙げられよう。2)の流動の例としては，温度差，溶質濃度差に起因する流動が考えられる。3)の流動の代表的な例として，マランゴニ対流が挙げられる。地上における流動は主に 1)，2) に，宇宙における流動は主に 2)，3) により引き起こされていると言えよう。

宇宙での単一物質，単一相の流動においては 2)の温度差に起因する流れと 3)を考慮すればよいが，材料プロセッシングにおいては溶質濃度差に起因する流動も考慮しなければならず，より複雑な流動となる。3)の流動は鋳型を用いた凝固プロセスなどにおいては考慮する必要はないが，不純物の混入を防ぐために音波などにより材料を浮遊させ凝固させる場合には 3) の流動が重要な要素となる。

今までにロケット実験や SL-1 などで行われた材料実験の結果をみると，鋳型に入れられた試料の共晶凝固において，地上の結果と宇宙における実験の結果のあいだには差がみられ，この差が本来，重力 G によらないと考えられる 2)の流動とどのような関係にあるのかも興味あることである。

球形の流体の運動現象について，欧米においては，地球内におけるマグマの運動や，天体における銀河の運動のモデルとしての重要性も指摘されており，材料製造の観点のみでなく，純粋な流体の運動の観点からも注目され，この観点からも実験が計画されている[3)]。

---

[*] Yasunori Miyata　長岡技術科学大学　工学部　機械系

第4章 宇宙材材実験 ── 新材料開発と宇宙利用 ──

材料研究は大別して機能，構造，合成の要素より成るといえよう。材料研究からの宇宙実験の意義は，宇宙環境において新しい材料を発見することではなく，新しい構造の合成法の発見にあると考えられている。材料開発の段階として，一般には，材料科学実験，プロセス基礎実験，材料プロセッシング実験，材料開発実験のフェーズがあろう。宇宙における研究は，現在，材料科学実験の段階であり，流体現象の解明はプロセス基礎実験の一つの大きな要素となろう[4],[5]。

(2) μG 環境の特性[5]

宇宙環境の特徴として，
1) 真空
2) 放射線
3) 太陽エネルギー
4) 微小重力

などが地上環境と大きく異なることが広く知られ，1) の真空環境は天体観測などすでに利用されている。スペースシャトル，フリーフライヤー，宇宙基地など，今後，利用し得る環境のレベル，範囲とも大幅に広がることが見込まれている。特にフリーフライヤーにおいては高レベルの微小重力環境が期待され，G-ジッターの影響もなく，クリティカルな現象の解明に適した場を提供してくれるものと思われる。

流体現象，材料プロセッシングで利用しようとしている宇宙環境は，主に，地上では期待できない 4) の微小重力環境であり，微小重力下では，流体現象も地上とは異なるドライビング=フォースに支配されるため，起こる現象にも特異性があり，いかにこの特異性をコントロールし利用するかがキイ=ポイントとなる。

微小重力環境の特質としては，よく指摘されているように，
 1) 無対流（無自然対流）
 2) 無浮力
 3) 無静圧
 4) 無接触浮遊

などが挙げられる。
1) 無対流

流体を加熱または冷却すると，流体内部に密度差を生じ，地上においては重力対流が生じる。しかし，微小重力下では重力対流は無視可能となる。しかしながら，流体に自由表面が存在し，温度勾配，溶質濃勾配が存在すると，これらに起因する表面張力に差が生じ，表面張力の勾配がドライビング=フォースとなり，流体に対流（マランゴニ対流）を引き起こす。
2) 無浮力

4　SL-1の実験結果 ──SL-1の成果分析──

比重差のある流体，あるいは流体と固体を混合すると，これらは混合終了時の状態を保ち，一方の物質が沈降したり浮上したりしない。地上においてはバブルによる混合など，この混合性は利点として利用されている場合も多い。しかしながら，比重差のある物質同志の混合という観点からは，地上は良好な環境ではない。機械的混合が十分なされた材料を，宇宙において結晶成長，凝固させれば，浮力を受けず，地上の環境下では得られにくい半導体や合金が得られるものと期待されている。

3) 無静圧

地上では，流体および固体の各部分に重力が働いている。このため下の部分ほど静圧が高く，圧縮による変形が大きい。微小重力下では，このようなことはなく，どの部分も圧縮されず，それゆえ内部応力も生じない。これらの特徴を利用して，レーザーによる爆縮の標的としての真球の製造や，転位の発生のない完全結晶の作成などが期待されている。

4) 無接触浮遊

微小重力下では，非常に小さな力により十分長い時間，物体を空間に安定に浮遊，保持することが可能となる。このため，球形流体を利用して地球のマグマの運動や，太陽表面の運動のモデルとしての利用も考えられている。これは，無容器で高温度の物体を空間に維持できる点からもモデルの利点とされる。材料製造においても，無容器で物体を維持できることは，容器なしで溶解，凝固でき，容器による汚染や接触による応力の影響もなくなると期待されている。

4.3.2　微小重力下での流体現象

(1) 流体現象とその記述変数[3]

液体に流動を引き起こす機構としては，図4.4.11に示すようなものが考えられる。これらの流動を記述する無次元変数としては，表4.4.5に示す変数が挙げられる。それらの無次元変数のもつ意味も表に同時に示されている。これら無次元変数の記述に使われた有次元変数は表4.4.6に示した。これらの無次元数は，熱流体特性依存，幾何形状依存，境界条件依存の観点から分類されているが，静力学的観点から流体を記述する変数と，対流や拡散を記述する輸送方程式（動力学）的変数に分けて考えることもできる。いずれにしても，表からも容易に理解できるように，運動を記述する変数が多数あり，これらの変数により代表される運動の複合されたものとして現実の流体運動は発現することより，現象の解明の困難さが理解されよう。このため，宇宙における現象を解明するためには，解明すべき問題点をいかに整理し，基本的要素に分類し，それに適した実験装置を用意できるかが重要な要素となる。また，以上のような問題の複雑さ故に，計算機シミュレーションにより，いかに実験により得られるであろう結果を予測しておくかも，少数の実験機会を有効に使うために特に要求されることであろう。

第4章 宇宙材材実験 — 新材料開発と宇宙利用 —

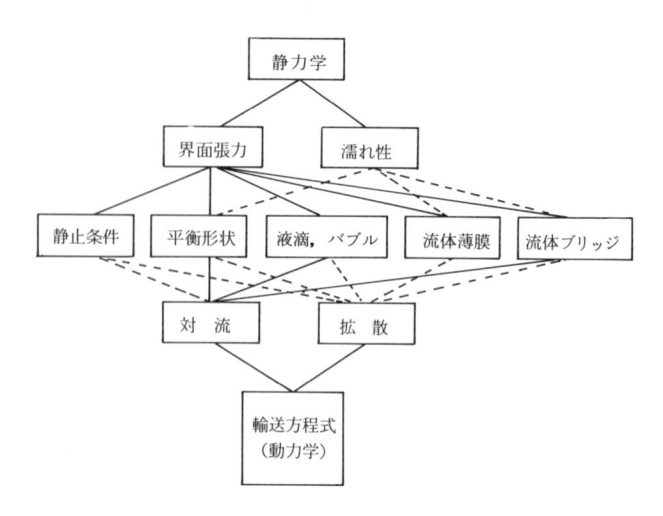

図 4.4.11 流体状態とその機構

表 4.4.5 流体運動に関する無次元数

熱流体特性としての無次元数		
シュミット数	粘性抵抗 / 溶質拡散	$Sc = \nu / D$
プラントル数	粘性抵抗 / 熱拡散	$Pr = \nu / \alpha$
幾何形状に依存する無次元数		
熱ペクレ数	対流熱移動 / 拡散熱移動	$Pe_t = VL / \alpha$
溶質ペクレ数	対流溶質移動 / 拡散溶質移動	$Pe_s = VL / D$
レイノルズ数	対流運動量移動 / 粘性運動量移動	$Re = VL / \nu$
熱グラスホフ数	浮力 / 粘性力	$Gr_t = g\beta_t L^3 / \nu^2 \Delta T$
溶質グラスホフ数	浮力 / 粘性力	$Gr_s = g\beta_c L^3 / \nu^2 \Delta c$
熱レーリー数	浮力 / 粘性力	$Ra_t = Gr_t \cdot Pr$
溶質レーリー数	浮力 / 粘性力	$Ra_s = Gr_s \cdot pr$
熱マランゴニ数	界面張力勾配 / 粘性力	$Ma_t = \sigma(d\sigma/dT) L \Delta T / \sigma \nu^2$
溶質マランゴニ数	界面張力勾配 / 粘性力	$Ma_s = \sigma(d\sigma/dc) L \Delta c / \sigma \nu^2$
境界条件に依存する無次元数		
ビオ数	対流熱損失 / 熱伝導	$Bi = hL / k$
重力ボンド数	重力 / 表面張力	$Bo_g = gL^2 \Delta\rho / \sigma$
回転ボンド数	遠心力 / 表面張力	$Bo_r = gL^3 \Delta\rho / \sigma$
キャピラリ数	粘性力 / 表面張力	$Ca = V\mu / \sigma$

4 SL-1の実験結果 — SL-1の成果分析 —

表 4.4.6 記号一覧表

c	溶質濃度	L	長さ
T	温度	V	速度
σ	界面張力	ΔT	温度差
Δc	濃度差	$\Delta \rho$	密度差
α	熱拡散係数	k	熱伝導率
D	溶質拡散係数	h	熱伝達係数
ν	動粘性係数 μ/ρ	μ	粘性係数
ρ	密度		
β_t, β_c	展開係数 $\rho = \rho^*[1 - \beta_t(T-T^*) + \beta_c(c-c^*)]$		

(2) 静力学的観点と動力学的観点[4]

宇宙実験において計画され,あるいは研究されている具体的な流体状態は,図4.4.11に示すように,

1) 静止条件
2) 平衡形状
3) 液滴,バブル
4) 流体薄膜
5) 流体ブリッジ

などが挙げられる。静力学的観点からこれらの流体状態をみたときの基本的な要素としては,界面張力,濡れが考えられ,動力学的観点からは,対流と拡散であろう。以下これらの個々の状態の基礎的事項について述べ,前項で述べた無次元数の宇宙実験における意味を明らかにする。

a. 静止条件

界面の存在しない流体中においては,圧力勾配 ΔP と体積力 ρf(ρ は密度,f は重力またはダランベール力)が釣り合っている。

界面が存在するとき流体が平衡になるためには,表面張力が界面において一様であることが必要である。表面張力が一様でないと,マランゴニ力が生じ,この力により界面に流動が生じる。

b. 平衡形状とボンド数

表面張力が一様な場合の静力学的平衡を考える。この場合の平衡形状はラプラスの方程式によって記述される。

$$\Delta P = \rho K$$

ここで,

ρ は表面張力,

$\Delta P = P_A - P_B$

第4章 宇宙材材実験 —— 新材料開発と宇宙利用 ——

$K = 1/R_1 + 1/R_2$

R_1, R_2 は主および副曲率半径

図 4.4.12 は重力がない場合の曲率半径と圧力差との関係を示している。

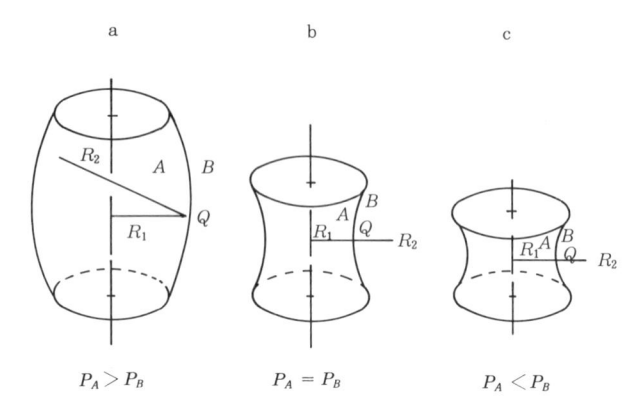

図 4.4.12 重力が無視できるときの曲率半径と圧力差
a, b, c いずれの場合も, 圧力差 $P_A - P_B$ および曲率 K は一定である。

重力が働いている場合には, 界面での圧力差は, 重力 G の方向に,

$\Delta P = \Delta P_0 + \Delta \rho \cdot g \cdot (Z_0 - Z)$

である。$\Delta \rho$ は密度の差を, Z は $-G$ 方向の座標を表わし, サフィックス 0 は基準点でのそれぞれの値を表わす。

重力に対する表面張力の比がボンド数であり, 微小重力下では重要な無次元数である。L を重力方向の界面長さとすると働く重力は,

$\Delta \rho \cdot g \cdot L$

であり, 表面張力は

σ / R

である ($1/R = 1/R_1 + 1/R_2$)。よってボンド数は,

$B_0 = \Delta \rho \cdot g \cdot L / (\rho / R)$
$\quad = R \cdot L / Lb^2 \cdot \Delta \rho / \rho$

と表わされる。ρ は重い流体の密度であり, $Lb = \sqrt{\sigma/(\rho g)}$ はボンド長さと呼ばれている。

通常の液体においては, ボンド長さ Lb は, 地上においては 10^{-1} cm のオーダー, 宇宙 10^{-4} G においては 10 cm のオーダーである。気体/液体系では $\Delta \rho / \rho \fallingdotseq 1$ であり, $B_0 \ll 1$ では重力

の効果は無視し得る。

　c. 液滴, バブル

　圧縮性の点を除けば, 液滴とバブルの挙動は非常に似たものである。液滴もバブルも重力が無視でき, まわりの液体が均一温度で単一の化学種であれば, その形状は球形となる。

　重力が作用している場合の静的な釣り合いの形状は, b項よりその形状が予測される。図4.4.13に示すように, 液滴では, 密度差 $\Delta \rho = \rho$（液体）$- \rho$（気体）であり, 底で曲率半径が小さく, バブルでは, $\Delta \rho = \rho$（気体）$- \rho$（液体）であり, 底で曲率半径が大きくなる。

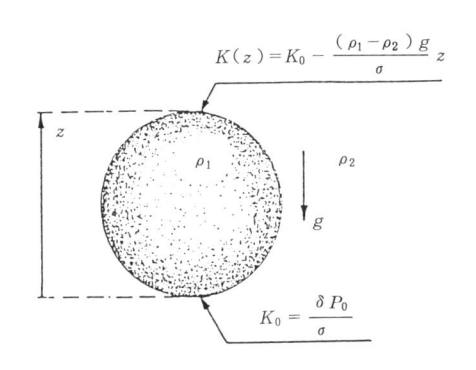

図4.4.13　平衡状態にある液滴

　d. 液体薄膜

　液体薄膜には, 多くの工業上の応用が考えられている。形状が保持されるか否かという液膜安定性については, 重力が大きく影響することが知られている。例えば, 垂直におかれた液膜は慣性が働いていない場合には, 表面張力によって下部の自重と釣り合い, 約6m以上の高さでは安定でありえないことが, 報告されている。

　e. 液体ブリッジ

　2つの固体間の隙間があまり大きくない場合には, 2つの固体の間を液体でブリッジすることができる。液体の形状は静圧と表面張力によって決められる。このブリッジは半導体の浮遊帯溶融法の宇宙における適用性に対する基礎的知見を与えるものと期待されている。

　円柱断面を有し軸方向と重力方向の一致するブリッジを考える。ブリッジの高さをL, ディスクの直径をDとする。b項で示したように, $L \cdot R / Lb^2$ は高だか1のオーダーである。ここで, Rは界面の曲率半径であり, 必ずしもディスクの半径ではない。重力場においては, 液柱の最大安定長さは,

$$L_M = 2.84 \cdot Lb$$
$$= 2.84 \cdot \sqrt{\sigma / (\rho \cdot g)}$$

ここで, ρは液体の密度である。この式より, 最大安定長さは, 微小重力下で増加するが, L_M / Rの比には影響しないことが分かる。このように, 微小重力下においても, 細いものではブリッジもまた不安定であり, 最大安定長さと半径の比には, 最大値が存在することになる。

（式: $K(z) = K_0 - \dfrac{(\rho_1 - \rho_2)g}{\sigma} z$, $K_0 = \dfrac{\delta P_0}{\sigma}$）

第4章 宇宙材材実験 ── 新材料開発と宇宙利用 ──

(3) 対流および拡散

a. 対流

微小重力下では，液体−液体界面が存在しなければ，レーリー数（＝浮力／粘性力）やプラントル数（＝ν/α）が同じであれば，重力環境下と現象はそれほど変らないと考えられている。しかし，液体−液体界面が存在すると，圧力勾配や速度が課せられない自由対流においては，その効果が現われ，界面に付随した現象が生じてくる。

圧力勾配と速度が課せられなくても，温度勾配があると界面張力に勾配が生ずる。界面における運動量の釣り合いから界面張力の勾配は剪断応力を生じ，界面に流れを生じる（マランゴニ対流）。

マランゴニ対流は，界面層ばかりでなく，2相の運動量，熱，質量の輸送によっても影響され相互に複雑に関係する。したがって，微小重力環境下における精密な実験観察，計算によるシミュレーション実験などが何よりも望まれる分野である。

b. 拡散

拡散流束は，現象論的に拡散係数により評価されている。種々の拡散の大きさの比として

$Pr = \nu/\alpha$,
$Sc = \nu/D$,
$Le = D/\alpha$

が定義され，それぞれ，プラントル数，シュミット数，ルイス数と呼ばれている。

気体では α は $10^{-1} cm^2/s$，ν は $10^{-1} cm^2/s$ であり，Pr は1のオーダーで，両者の輸送が同程度に重要であることを示している。一方，液体金属では，Pr が 10^{-2} のオーダーであり，熱の輸送が支配的であることを示している。

これら拡散による輸送と，対流による輸送の比として，レイノルズ数，熱ペクレ数，溶質ペクレ数が決められる。

$Re = VL/\nu$,
$Pe_t = VL/\alpha$,
$Pe_s = VL/D = Re \cdot Sc$

マランゴニ速度は，

$V_M = \Delta\sigma/\mu$

で与えられる。マランゴニ境界層は，参照速度を V_M としたときのレイノルズ数またはペクレ数が，1より十分大きいときに生ずる。レイノルズ数とペクレ数は，L とともに増加するので，微小重力下では，大きなレイノルズ数と大きなペクレ数をもつことになり，地上とは非常に異なった流れを示すことになる。

4.3.3 宇宙で用いられる実験装置[3]，および実験の例[1),2)]

流体の運動を研究するために，欧米においても日本においても，いくつかの実験装置が準備され実験が計画，実施されている。ここでは，ESAの装置についての概略を述べるとともに，その装置を利用した実験（計画）について述べる。

(1) 実験装置

a. 流体物理装置（Fluid Physics Module）

ESAにより製作された流体物理研究のための，流体の形状や流体運動研究のための多目的装置である。この装置の概略を図4.4.14に示す。この装置を用いて，

液体ブリッジの安定性，

表面張力により誘起される対流，

界面張力，

液滴の合体

などが研究できる。両端のディスクを通じて液体に，機械的運動（回転，振動など）や，温度勾配，電位差などを与えることができるようになっている。適当なアダプターを追加することにより，バブルの運動や関連した流体の運動を研究することができる。試料の液体は一方のディスクから注入され，ディスクは同方向にも逆方向にも任意の速度で回転することができる。試料の加

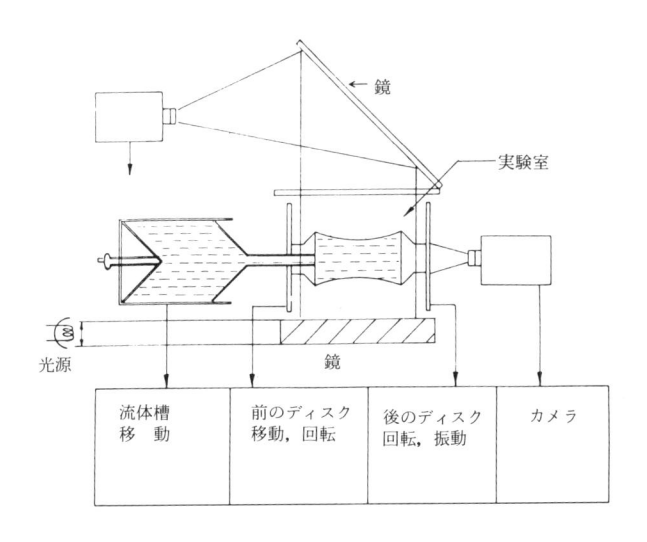

図4.4.14　流体物理装置の概要

熱，温度測定は2つのディスクを通じて行われる。

2つのディスクの間の液柱の安定形状については，図4.4.15に示されている。縦軸は2つのディスクの間に保持される液体の体積，横軸は液柱の縦横比である。

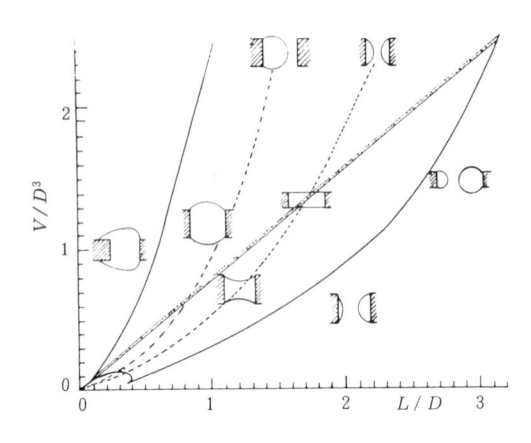

図4.4.15　ディスク間の液柱の安定形状
縦軸は液体の体積，横軸は液柱の縦横比

b. 液滴実験装置

液滴に関する力学は，気象学や化学などの基礎的な分野やその応用の分野などから，長い間興味をもたれており，特定の励起に対する理論的研究はあるが，実験的検証例はほとんどない。

超音波により液滴を浮遊させ，液滴の振る舞いを研究する装置が考えられている。その装置の概要は図4.4.16に示したものである。微小重力下の実験においては，注入器により，2つのプローブの間に液体を注入し，このプローブにより注入器から液体を引き離し，音波によりこの液滴を浮遊，回転，振動させ，液滴の運動を研究しようとするものである。

SL-3で計画されている最初の実験は，図4.4.17に示されたような回転液滴の安定形状の研究である。

c. 液体中のバブル，液滴，粒子運動装置

液体中のガスバブルや液滴の運動の支配因子は，マランゴニ対流である。このような2成分系においては，バブルや液滴の界面における界面張力の局所的な差が，両媒体に対流を引き起こし，バブルや液滴を高温側へ移動させると考えられている（図4.4.18）。

このような運動を研究するために，この装置は計画，準備されている。研究テーマとして計画

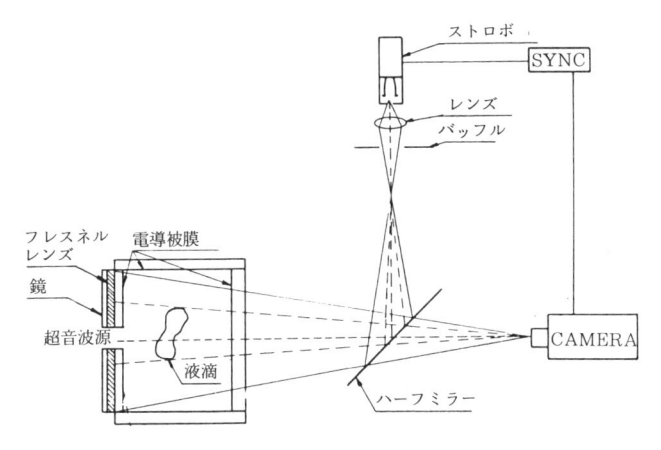

4 SL-1の実験結果 ― SL-1の成果分析 ―

図 4.4.16 液滴実験装置

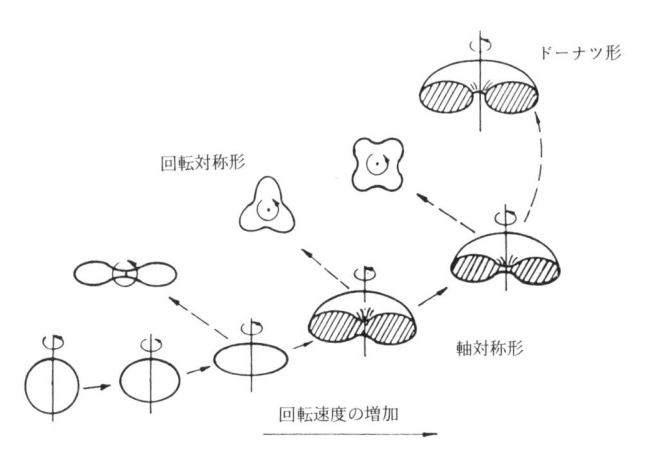

図 4.4.17 回転液滴の形状変化

されている内容は
1) 温度勾配，または溶質濃度勾配のある液体中のバブル，液滴，粒子の運動
2) 凝固フロントの形成およびその力学
3) デンドライトチップ間の相互作用

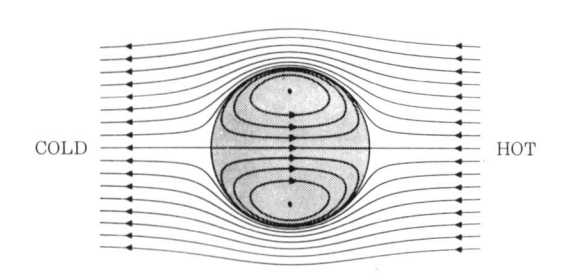

図4.4.18 温度勾配のある液体中のバブル,液滴の移動

などである。

　この装置は,まだ計画段階であり,その概要は図4.4.19のようである。

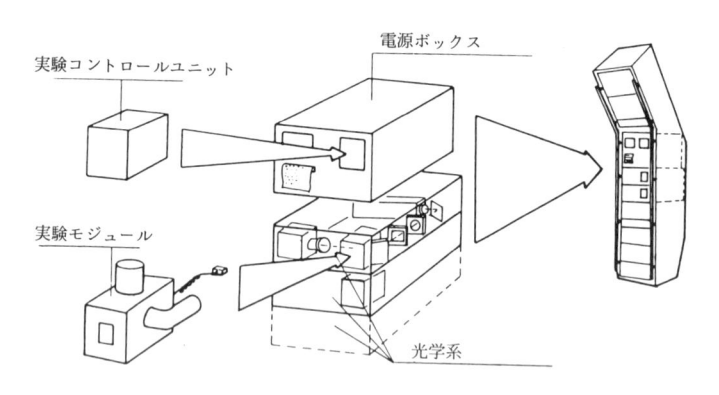

図4.4.19 液体中のバブル,液滴,粒子運動装置の概要

d. 地球物理用液体運動装置

　気象学や天体物理学の観点からは,回転,重力,熱を課せられた場での大スケールの流体の循環運動に関する研究に興味が注がれている。回転している銀河の運動や星の内部の流体運動をシミュレートする目的で,この装置は計画されている。ある軸の回りを回転している液体球においては,そのダイナミックスの決定要因はコリオリの力と,緯度とともに変化する重力に起因する浮力である。

4　SL-1の実験結果 ── SL-1の成果分析 ──

　理論シミュレーション計算により，流体に粘性，回転速度，重力値を仮定して，液体球の運動が求められている。この結果，なぜ木星や土星が軸対称な雲を有し，太陽が極と極を結ぶ方向に渦を有するかなどが研究されている。このように，様々な研究がなされているが，地球上では流体球を安定に維持することができないために，今まで実験的に検証することはできなかった。

　このような実験を行うために，図4.4.20のような装置が計画されている。

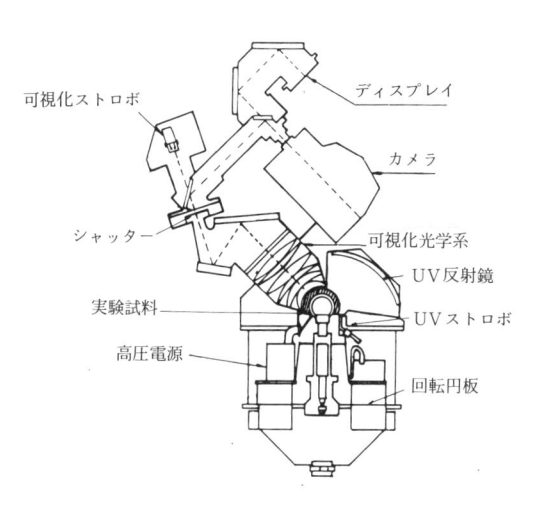

図4.4.20　地球物理用液体運動装置の概要

(2)　実験

　今までに行われた，あるいは行われる予定の実験については，別の章あるいは文献1)に詳しく報告されているので，ここでは，流体実験について簡単に述べる。

　流体現象についての研究は，

・マランゴニ対流実験

　　フローティングゾーンにおけるマランゴニ対流（DFVLR，BTL）

　　液柱上のマランゴニ対流（Univ. of Napoli）

　　振動マランゴニ対流からの乱流発生（Univ. Gesamthochschule Essen）

　　層流－振動流変化点のマランゴニ値（Univ. Giessen）

・マランゴニ対流のシミュレーション（地上実験および計算）

　　二次元マランゴニ流れ（IHI[*]）

第4章 宇宙材材実験 ― 新材料開発と宇宙利用 ―

　円筒状フローティングゾーン（小林，富山大学＊）
　不安定熱マランゴニ流（Univ. of Naples）
　表面張力の変動する系でのRayleigh-Benard不安定（二次元）（State Univ. of Mons）
・毛細管特性
　チタン円盤上のシリコンオイル膜（Kodak Ltd.）
・半自由液体
　シリコンオイルの軸振動（CNRS）
　液体のひろがり挙動（Univ. Bristol）
・液体柱の安定性
　シリコンオイルのブリッジ（Univ. Madrid）
　非対称自由表面の挙動（Holland）
　径の異なる円盤間の液柱の安定性（計算）（Univ. Politecnica）
・液滴
　温度勾配のあるブナルベンゼン中の水滴（地上実験）（Univ. Gottinger）
・気泡
　温度勾配による液相と泡の分離（DFVLR）
などについて研究されている。ただし，＊はSL-1の研究ではない。

　SL-1で使用可能な流体装置は，a項で述べた流体物理装置のみであったため，液柱を用いた実験が多い。トレーサー粒子径が小さすぎるために，流速測定ができなかったり，熱電対の不調のため温度制御に問題が発生したり，あるいはG-ジッターのために流れが乱されるなど，初期の実験目標を達成している実験はわずかであり，チタン円盤上のシリコンオイル膜の実験などに限られている。
　シミュレーションや得られた実験の結果からマランゴニ対流に対する定性的理解はかなり進歩したが，十分な定量的理解に至っているとはいいがたい。液滴や気泡を対象とした研究はこれからである。いずれにせよ，流体を対象とした研究にはG-ジッターなどの影響もあり，他の実験の場合とは異なる困難がある。

4.3.4 今後の展望

　流体の挙動に関する研究は，流体現象そのものに関する重要性とともに，材料製造上での流れの解明，あるいは天体物理学や地球物理学的観点からも，その解明が望まれている。このような要求にもかかわらず，研究はまだその端緒についたばかりである。(2)項で述べたように，流体を記述する変数も多く，材料などのシミュレーションを行うためにはさらに溶質の輸送を考慮しなければならないことも問題を複雑にしている。

4　SL-1の実験結果 ― SL-1の成果分析 ―

　流体実験において，その目的を達成するためには，その目的をできるだけ単純にし，実験装置もその実験専用のものとすることが望まれ，計算シミュレーション等により起こり得る現象を十分に予測し，地上における参照実験によりそのシミュレーション結果を検討し，重力の影響を把握しておくことが重要であろう。

文　　　献

1)　Proceedings of 5th European Symposium, Material Sciences under Microgravity, Results of SPACELAB-1, ESA sp-222, Schloss Elman, ERG, 1984
2)　Scientific Goals of the German Spacelab Mission D-1, edited by P.R.Sahm and R.Jansen, German Ministry of Research and Technology, 1985
3)　Materials Sciences in Space ; A Contributions to the Scientific Basis of Space Processing, Edited by B. Feuerbacher, H. Hamacher and R. J. Naumann, Springer-Verlag
4)　宇宙環境下における物理現象，日本航空宇宙工業会，1985
5)　宇宙環境と結晶成長技術，日本電子工業振興協会，1986

《CMC テクニカルライブラリー》発行にあたって

　シーエムシーは，1961年創立以来，多くの技術レポートを発行してまいりました。これらの多くは，その時代の最先端情報を企業や研究機関などの法人に提供することを目的としたもので，価格も一般の理工書に比べて遥かに高価なものでした。

　一方，ある時代に最先端であった技術も，実用化され，応用展開されるにあたって普及期，成熟期を迎えていきます。ところが，最先端の時代に一流の研究者によって書かれたレポートの内容は，時代を経ても当該技術を学ぶ技術書，理工書としていささかも遜色のないことを，多くの方々が指摘されています。

　弊社では過去に発行した技術レポートを個人向けの廉価な普及版《CMC テクニカルライブラリー》として発行することとしました。このシリーズが，21世紀の科学技術の発展にいささかでも貢献できれば幸いです。

2000年12月

シーエムシー　出版部

宇宙環境と材料・バイオ開発 (B628)

1987年5月6日　初　版　第1刷発行
2001年8月20日　普及版　第1刷発行

編集者　栗林　一彦　　　　　　　　　Printed in Japan
発行者　島　健太郎
発行所　株式会社　シーエムシー
　　　　東京都千代田区内神田1-4-2(コジマビル)
　　　　電話03(3293)2061

〔印　刷　桂印刷有限会社〕　　　　©K. Kuribayashi, 2001
定価は表紙に表示してあります。
落丁・乱丁本はお取替えいたします。

ISBN4-88231-735-4　C3043

☆本書の無断転載・複写複製（コピー）による配布は，著者および出版社の権利の侵害になりますので，小社あて事前に承諾を求めて下さい。

CMCテクニカルライブラリーのご案内

植物工場システム
編集／高辻正基
ISBN4-88231-733-8　　　　　　　B626
A5判・281頁　本体3,100円＋税（〒380円）
初版1987年11月　普及版2001年6月

構成および内容：栽培作物別工場生産の可能性／野菜／花き／薬草／穀物／養液栽培システム／カネコのシステム／クローン増殖システム／人工種子／馴化装置／キノコ栽培技術／種菌生産／栽培装置とシステム／施設園芸の高度化／コンピュータ利用　他

◆執筆者：阿部芳巳／渡辺光男／中山繁樹　他23名

液晶ポリマーの開発
編集／小出直之
ISBN4-88231-731-1　　　　　　　B624
A5判・291頁　本体3,800円＋税（〒380円）
初版1987年6月　普及版2001年6月

構成および内容：〈基礎技術〉合成技術／キャラクタリゼーション／構造と物性／レオロジー〈成形加工技術〉射出成形技術／成形機械技術／ホットランナシステム技術　〈応用〉光ファイバ用被覆材／高強度繊維／ディスプレイ用材料／強誘電性液晶ポリマー　他

◆執筆者：浅田忠裕／鳥海弥和／茶谷陽三　他16名

イオンビーム技術の開発
編集／イオンビーム応用技術編集委員会
ISBN4-88231-730-3　　　　　　　B623
A5判・437頁　本体4,700円＋税（〒380円）
初版1989年4月　普及版2001年6月

構成および内容：イオンビームと個体との相互作用／発生と輸送／装置／イオン注入による表面改質技術／イオンミキシングによる表面改質技術／薄膜形成表面被覆技術／表面除去加工技術／分析評価技術／各国の研究状況／日本の公立研究機関での研究状況　他

◆執筆者：藤本文範／石川順三／上條栄治　他27名

エンジニアリングプラスチックの成形・加工技術
監修／大柳康
ISBN4-88231-729-X　　　　　　　B622
A5判・410頁　本体4,000円＋税（〒380円）
初版1987年12月　普及版2001年6月

構成および内容：射出成形／成形条件／装置／金型内流動解析／材料特性／熱硬化性樹脂の成形／樹脂の種類／成形加工の特徴／成形加工法の基礎／押出成形／コンパウンティング／フィルム・シート成形／性能データ集／スーパーエンプラの加工に関する最近の話題　他

◆執筆者：高野菊雄／岩橋俊之／塚原裕　他6名

新薬開発と生薬利用Ⅰ
監修／糸川秀治
ISBN4-88231-727-3　　　　　　　B620
A5判・367頁　本体4,200円＋税（〒380円）
初版1988年8月　普及版2001年7月

構成および内容：生薬の薬理・薬効／抗アレルギー／抗菌・抗ウイルス作用／新薬開発のプロセス／スクリーニング／商品の規格と安定性／生薬の品質評価／甘草／生姜／桂皮素材の探索と流通／日本・世界での生薬素材の探索／流通機構と需要／各国の薬用植物の利用と活用　他

◆執筆者：相山律夫／赤須通範／生田安喜良　他19名

ヒット食品の開発手法
監修／太田静行・亀和田光男・中山正夫
ISBN4-88231-726-5　　　　　　　B619
A5判・278頁　本体3,800円＋税（〒380円）
初版1991年12月　普及版2001年6月

構成および内容：新製品の開発戦略／消費者の嗜好／アイデア開発／食品調味／食品包装／官能検査／開発のためのデータバンク〈ヒット食品の具体例〉果汁グミ／スーパードライ〈ロングヒット食品開発の秘密〉カップヌードル　エバラ焼き肉のたれ／減塩醤油　他

◆執筆者：小杉直輝／大形進／川合信行　他21名

バイオマテリアルの開発
監修／筏義人
ISBN4-88231-725-8　　　　　　　B618
A5判・539頁　本体4,900円＋税（〒380円）
初版1989年9月　普及版2001年5月

構成および内容：〈素材〉金属／セラミックス／合成高分子／生体高分子〈特性・機能〉力学特性／細胞接着能／血液適合性／骨組織結合性／光屈折・酸素透過性〈試験・認可〉滅菌法／表面分析法〈応用〉臨床検査系／歯科系／心臓外科系／代謝系　他

◆執筆者：立石哲也／藤沢章／澄田直哉　他51名

水処理剤と水処理技術
監修／吉野善彌
ISBN4-88231-722-2　　　　　　　B615
A5判・253頁　本体3,500円＋税（〒380円）
初版1988年7月　普及版2001年5月

構成および内容：凝集剤と水処理プロセス／高分子凝集剤／生物学的凝集剤／濾過助剤と水処理プロセス／イオン交換体／有機イオン交換体／排水処理プロセス／吸着剤と水処理プロセス／水処理分離膜と水処理プロセス　他

◆執筆者：三上八州家／鹿野武彦／倉根隆一郎　他17名

※書籍をご購入の際は、最寄りの書店にご注文いただくか、㈱シーエムシーのホームページ（http://www.cmcbooks.co.jp/）にてお申し込み下さい。

CMCテクニカルライブラリー のご案内

食品素材の開発
監修／亀和田光男
ISBN4-88231-721-4　　　　　　　B614
A5判・334頁　本体 3,900円＋税 （〒380円）
初版 1987年10月　普及版 2001年5月

構成および内容：〈タンパク系〉大豆タンパクフィルム／卵タンパク〈デンプン系と畜血液〉プルラン／サイクロデキストリン〈新甘味料〉フラクトオリゴ糖／ステビア〈健食新素材〉EPA／レシチン／ハーブエキス／コラーゲン／キチン・キトサン 他
◆執筆者：中島庸介／花岡譲一／坂井和夫 他22名

老人性痴呆症と治療薬
編集／朝長正徳・齋藤洋
ISBN4-88231-720-6　　　　　　　B613
A5判・233頁　本体 3,000円＋税 （〒380円）
初版 1988年8月　普及版 2001年4月

構成および内容：記憶のメカニズム／記憶の神経的機構／老人性痴呆の発症機構／遺伝子・染色体の異常／脳機構に影響を与える生体内物質／神経伝達物質／甲状腺ホルモン／スクリーニング法／脳循環・脳代謝試験／予防・治療へのアプローチ 他
◆執筆者：佐藤昭夫／黒澤美枝子／浅香昭雄 他31名

感光性樹脂の基礎と実用
監修／赤松 清
ISBN4-88231-719-2　　　　　　　B612
A5判・371頁　本体 4,500円＋税 （〒380円）
初版 1987年4月　普及版 2001年5月

構成および内容：化学構造と合成法／光反応／市販されている感光性樹脂モノマー，オリゴマーの概況／印刷板／感光性樹脂凸版／フレキソ版／塗料／光硬化型塗料／ラジカル重合型塗料／インキ／UV硬化システム／UV硬化型接着剤／歯科衛生材料 他
◆執筆者：吉村 延／岸本芳男／小伊勢雄次 他8名

分離機能膜の開発と応用
編集／仲川 勤
ISBN4-88231-718-4　　　　　　　B611
A5判・335頁　本体 3,500円＋税 （〒380円）
初版 1987年12月　普及版 2001年3月

構成および内容：〈機能と応用〉気体分離膜／イオン交換膜／透析膜／精密濾過膜〈キャリア輸送膜の開発〉固体電解質／液膜／モザイク荷電膜／機能性カプセル膜〈装置化と応用〉酸素富化膜／水素分離膜／浸透気化法による有機混合物の分離／人工腎臓／人工肺 他
◆執筆者：山田純男／佐田俊勝／西田 治 他20名

プリント配線板の製造技術
著者／英 一太
ISBN4-88231-717-6　　　　　　　B610
A5判・315頁　本体 4,000円＋税 （〒380円）
初版 1987年12月　普及版 2001年4月

構成および内容：〈プリント配線板の原材料〉〈プリント配線基板の製造技術〉硬質プリント配線板／フレキシブルプリント配線板〈プリント回路加工技術〉フォトレジストとフォト印刷／スクリーン印刷〈多層プリント配線板〉構造／製造法／多層成型〈廃水処理と災害環境管理〉高濃度有害物質の廃棄処理 他

汎用ポリマーの機能向上とコストダウン
ISBN4-88231-715-X　　　　　　　B608
A5判・319頁　本体 3,800円＋税 （〒380円）
初版 1994年8月　普及版 2001年2月

構成および内容：〈新しい樹脂の成形法〉射出プレス成形（SPモールド）／プラスチックフィルムの最新製造技術〈材料の高機能化とコストダウン〉超高強度ポリエチレン繊維／耐候性のよい耐衝撃性PVC〈応用〉食品・飲料用プラスチック包装材料／医療材料向けプラスチック材料 他
◆執筆者：浅井治海／五十嵐聡／高木呑都志 他32名

クリーンルームと機器・材料
ISBN4-88231-714-1　　　　　　　B607
A5判・284頁　本体 3,800円＋税 （〒380円）
初版 1990年12月　普及版 2001年2月

構成および内容：〈構造材料〉床材・壁材・天井材／ユニット式〈設備機器〉空気清浄／温湿度制御／空調機器／排気処理機器材料／微生物制御〈清浄度測定評価（応用別）〉医薬（GMP）／医療／半導体〈今後の動向〉自動化／防災システムの動向／省エネルギ／清掃（維持管理） 他
◆執筆者：依田行夫／一和田眞次／鈴木正身 他21名

水性コーティングの技術
ISBN4-88231-713-3　　　　　　　B606
A5判・359頁　本体 4,700円＋税 （〒380円）
初版 1990年12月　普及版 2001年2月

構成および内容：〈水性ポリマー各論〉ポリマー水性化のテクノロジー／水性ウレタン樹脂／水系UV・EB硬化樹脂〈水性コーティング材の製法と処法化〉常温乾燥コーティング／電着コーティング〈水性コーティング材の周辺技術〉廃水処理技術／泡処理技術 他
◆執筆者：桐生春雄／鳥羽山満／池林信彦 他14名

※書籍をご購入の際は，最寄りの書店にご注文いただくか，
㈱シーエムシーのホームページ(http://www.cmcbooks.co.jp/)にてお申し込み下さい。

CMCテクニカルライブラリーのご案内

レーザ加工技術
監修／川澄博通
ISBN4-88231-712-5　　　　　　　B605
A5 判・249 頁　本体 3,800 円＋税（〒380 円）
初版 1989 年 5 月　普及版 2001 年 2 月

構成および内容：〈総論〉レーザ加工技術の基礎事項〈加工用レーザ発振器〉CO2 レーザ〈高エネルギービーム加工〉レーザによる材料の表面改質技術〈レーザ化学加工・生物加工〉レーザ光化学反応による有機合成〈レーザ加工周辺技術〉〈レーザ加工の将来〉他
◆執筆者：川澄博通／永井治彦／末永直行　他 13 名

臨床検査マーカーの開発
監修／茂手木皓喜
ISBN4-88231-711-7　　　　　　　B604
A5 判・170 頁　本体 2,200 円＋税（〒380 円）
初版 1993 年 8 月　普及版 2001 年 1 月

構成および内容：〈腫瘍マーカー〉肝細胞癌の腫瘍／肺癌／婦人科系腫瘍／乳癌／甲状腺癌／泌尿器腫瘍／造血器腫瘍〈循環器系マーカー〉動脈硬化／虚血性心疾患／高血圧症〈糖尿病マーカー〉糖質／脂質／合併症〈骨代謝マーカー〉／老化症マーカー〉他
◆執筆者：岡崎伸生／有吉　寛／江崎　治　他 22 名

機能性顔料

ISBN4-88231-710-9　　　　　　　B603
A5 判・322 頁　本体 4,000 円＋税（〒380 円）
初版 1991 年 6 月　普及版 2001 年 1 月

構成および内容：〈無機顔料の研究開発動向〉酸化チタン・チタンイエロー／酸化鉄系顔料〈有機顔料の研究開発動向〉溶性アゾ顔料（アゾレーキ）〈用途展開の現状と将来展望〉印刷インキ／塗料〈最近の顔料分散技術と顔料分散機の進歩〉顔料の処理と分散性　他
◆執筆者：石村安雄／風間孝夫／服部俊雄　他 31 名

バイオ検査薬と機器・装置
監修／山本重夫
ISBN4-88231-709-5　　　　　　　B602
A5 判・322 頁　本体 4,000 円＋税（〒380 円）
初版 1996 年 10 月　普及版 2001 年 1 月

構成および内容：〈DNA プローブ法-最近の進歩〉〈生化学検査試薬の液状化-技術的背景〉〈蛍光プローブと細胞内環境の測定〉〈臨床検査用遺伝子組み換え酵素〉〈イムノアッセイ装置の現状と今後〉〈染色体ソーティングと DNA 診断〉〈アレルギー検査薬の最新動向〉〈食品の遺伝子検査〉他
◆執筆者：寺岡　宏／高橋豊三／小路武彦　他 33 名

カラーＰＤＰ技術

ISBN4-88231-708-7　　　　　　　B601
A5 判・208 頁　本体 3,200 円＋税（〒380 円）
初版 1996 年 7 月　普及版 2001 年 1 月

構成および内容：〈総論〉電子ディスプレイの現状〈パネル〉AC 型カラーPDP／パルスメモリー方式 DC 型カラーPDP〈部品加工・装置〉パネル製造技術とスクリーン印刷／フォトプロセス／露光装置／PDP 用ローラーハース式連続焼成炉〈材料〉ガラス基板／蛍光体／透明電極材料　他
◆執筆者：小島健博／村上宏／大塚晃／山本敏裕　他 14 名

防菌防黴剤の技術
監修／井上嘉幸
ISBN4-88231-707-9　　　　　　　B600
A5 判・234 頁　本体 3,100 円＋税（〒380 円）
初版 1989 年 5 月　普及版 2000 年 12 月

構成および内容：〈防菌防黴剤の開発動向〉〈防菌防黴剤の相乗効果と配合技術〉防菌防黴剤の併用効果／相乗効果を示す防菌防黴剤／相乗効果の作用機構〈防菌防黴剤の製剤化技術〉水和剤／溶化剤／発泡製剤〈防菌防黴剤の応用展開〉繊維用／皮革用／塗料用／接着剤用／医薬品用　他
◆執筆者：井上嘉幸／西村民男／高麗寛記　他 23 名

快適性新素材の開発と応用

ISBN4-88231-706-0　　　　　　　B599
A5 判・179 頁　本体 2,800 円＋税（〒380 円）
初版 1992 年 1 月　普及版 2000 年 12 月

構成および内容：〈繊維編〉高風合ポリエステル繊維（ニューシルキー素材）／ピーチスキン素材／ストレッチ素材／太陽光蓄熱保温繊維素材／抗菌・消臭繊維／森林浴効果のある繊維〈住宅編、その他〉セラミックス系人造木材／圧電・導電複合材料による制振新素材／調光窓ガラス　他
◆執筆者：吉田敬一／井上裕光／原田隆司　他 18 名

高純度金属の製造と応用

ISBN4-88231-705-2　　　　　　　B598
A5 判・220 頁　本体 2,600 円＋税（〒380 円）
初版 1992 年 11 月　普及版 2000 年 12 月

構成および内容：〈金属の高純度化プロセスと物性〉高純度化法の概要／純度表〈高純度金属の成形・加工技術〉高純度金属の複合化／粉体成形による高純度金属の利用／高純度銅の線材化／単結晶化・非昌化／薄膜形成〈応用展開の可能性〉高耐食性鋼材および鉄材／超電導材料／新合金／固体触媒〈高純度金属に関する特許一覧〉他

※書籍をご購入の際は、最寄りの書店にご注文いただくか、㈱シーエムシーのホームページ（http://www.cmcbooks.co.jp/）にてお申し込み下さい。

CMCテクニカルライブラリーのご案内

電磁波材料技術とその応用
監修／大森豊明
ISBN4-88231-100-3　　　　B597
A5判・290頁　本体 3,400 円＋税（〒380円）
初版 1992 年 5 月　普及版 2000 年 12 月

構成および内容：〈無機系電磁波材料〉マイクロ波誘電体セラミックス／光ファイバ〈有機系電磁波材料〉ゴム／アクリルナイロン繊維〈様々な分野への応用〉医療／食品／コンクリート構造物診断／半導体製造／施設園芸／電磁波接着・シーリング材／電磁波防護服　他
◆執筆者：白崎信一／山田朗／月岡正至　他 24 名

自動車用塗料の技術

ISBN4-88231-099-6　　　　B596
A5判・340頁　本体 3,800 円＋税（〒380円）
初版 1989 年 5 月　普及版 2000 年 12 月

構成および内容：〈総論〉自動車塗装における技術開発〈自動車に対するニーズ〉〈各素材の動向と前処理技術〉〈コーティング材料開発の動向〉防錆対策用コーティング材料〈コーティングエンジニアリング〉塗装装置／乾燥装置〈周辺技術〉コーティング材料管理　他
◆執筆者：桐生春雄／鳥羽山満／井出正／岡嚢二　他 19 名

高機能紙の開発
監修／稲垣　寛
ISBN4-88231-097-X　　　　B594
A5判・286頁　本体 3,400 円＋税（〒380円）
初版 1988 年 8 月　普及版 2000 年 12 月

構成および内容：〈機能紙用原料繊維〉天然繊維／化学・合成繊維／金属繊維〈バイオ・メディカル関係機能紙〉動物関連用／食品工業用〈エレクトリックペーパー〉耐熱絶縁紙／導電紙〈情報記録用紙〉電解記録紙／湿式法フィルターペーパー〉ガラス繊維濾紙／自動車用濾紙　他
◆執筆者：尾鍋史彦／篠木孝典／北村孝雄　他 9 名

新・導電性高分子材料
監修／雀部博之
ISBN4-88231-096-1　　　　B593
B5判・245頁　本体 3,200 円＋税（〒380円）
初版 1987 年 2 月　普及版 2000 年 11 月

構成および内容：〈基礎編〉ソリトン，ポーラロン，バイポーラロン：導電性高分子における非線形励起と荷電状態／イオン注入によるドーピング／超イオン導電体（固体電解質）〈応用編〉高分子バッテリー／透明導電性高分子／導電性高分子を用いたデバイス／プラスチックバッテリー　他
◆執筆者：A. J. Heeger／村田恵三／石黒武彦　他 11 名

導電性高分子材料
監修／雀部博之
ISBN4-88231-095-3　　　　B592
B5判・318頁　本体 3,800 円＋税（〒380円）
初版 1983 年 11 月　普及版 2000 年 11 月

構成および内容：〈導電性高分子の技術開発〉〈導電性高分子の基礎理論〉共役系高分子／有機一次元導電体／光伝導性高分子／導電性複合高分子材料／Conduction Polymers〈導電性高分子の応用技術〉導電性フィルム／透明導電性フィルム／導電性ゴム／導電性ペースト　他
◆執筆者：白川英樹／吉野勝美／A. G. MacDiamid　他 13 名

クロミック材料の開発
監修／市村　國宏
ISBN4-88231-094-5　　　　B591
A5判・301頁　本体 3,000 円＋税（〒380円）
初版 1989 年 6 月　普及版 2000 年 11 月

構成および内容：〈材料編〉フォトクロミック材料／エレクトロクロミック材料／サーモクロミック材料／ピエゾクロミック金属錯体〈応用編〉エレクトロクロミックディスプレイ／液晶表示とクロミック材料／フォトクロミックメモリメディア／調光フィルム　他
◆執筆者：市村國宏／入江正浩／川西祐司　他 25 名

コンポジット材料の製造と応用

ISBN4-88231-093-7　　　　B590
A5判・278頁　本体 3,300 円＋税（〒380円）
初版 1990 年 5 月　普及版 2000 年 10 月

構成および内容：〈コンポジットの現状と展望〉〈コンポジットの製造〉微粒子の複合化／マトリックスと強化材の接着／汎用繊維強化プラスチック（FRP）の製造と成形〈コンポジットの応用〉／プラスチック複合材料の自動車への応用／鉄道関係／航空・宇宙関係　他
◆執筆者：浅井治海／小石眞純／中尾富士夫　他 21 名

機能性エマルジョンの基礎と応用
監修／本山　卓彦
ISBN4-88231-092-9　　　　B589
A5判・198頁　本体 2,400 円＋税（〒380円）
初版 1993 年 11 月　普及版 2000 年 10 月

構成および内容：〈業界動向〉国内のエマルジョン工業の動向／海外の技術動向／環境問題とエマルジョン／エマルジョンの試験方法と規格〈新材料開発の動向〉最近の大粒径エマルジョンの製法と用途／超微粒子ポリマーラテックス〈分野別の最近応用動向〉塗料分野／接着剤分野　他
◆執筆者：本山卓彦／葛西壽一／滝沢稔　他 11 名

※書籍をご購入の際は、最寄りの書店にご注文いただくか、
㈱シーエムシーのホームページ（http://www.cmcbooks.co.jp/）にてお申し込み下さい。

CMCテクニカルライブラリー のご案内

無機高分子の基礎と応用
監修／梶原 鳴雪
ISBN4-88231-091-0　　　　　　B588
A5判・272頁　本体3,200円＋税（〒380円）
初版 1993年10月　普及版 2000年11月

構成および内容：〈基礎編〉前駆体オリゴマー、ポリマーから酸素ポリマーの合成／ポリマーから非酸化物ポリマーの合成／無機−有機ハイブリッドポリマーの合成／無機高分子化合物とバイオリアクター〈応用編〉無機高分子繊維およびフィルム／接着剤／光・電子材料 他
◆執筆者：木村良晴／乙咩重男／阿部芳首 他 14名

食品加工の新技術
監修／木村 進・亀和田光男
ISBN4-88231-090-2　　　　　　B587
A5判・288頁　本体3,200円＋税（〒380円）
初版 1990年6月　普及版 2000年11月

構成および内容：'90年代における食品加工技術の課題と展望／バイオテクノロジーの応用とその展望／21世紀に向けてのバイオリアクター関連技術と装置／食品における乾燥技術の動向／マイクロカプセル製造および利用技術／微粉砕技術／高圧による食品の物性と微生物の制御 他
◆執筆者：木村進／貝沼圭二／播磨幹夫 他 20名

高分子の光安定化技術
著者／大澤 善次郎
ISBN4-88231-089-9　　　　　　B586
A5判・303頁　本体3,800円＋税（〒380円）
初版 1986年12月　普及版 2000年10月

構成および内容：序／劣化概論／光化学の基礎／高分子の光劣化／光劣化の試験方法／光劣化の評価方法／高分子の光安定化／劣化防止概説／各論−ポリオレフィン、ポリ塩化ビニル、ポリスチレン、ポリウレタン他／光劣化の応用／光崩壊性高分子／高分子の光機能化／耐放射線高分子 他

ホットメルト接着剤の実際技術
ISBN4-88231-088-0　　　　　　B585
A5判・259頁　本体3,200円＋税（〒380円）
初版 1991年8月　普及版 2000年8月

構成および内容：〈ホットメルト接着剤の市場動向〉〈HMA材料〉EVA系ホットメルト接着剤／ポリオレフィン系／ポリエステル系〈機能性ホットメルト接着剤〉〈ホットメルト接着剤の応用〉〈ホットメルトアプリケーター〉〈海外におけるHMAの開発動向〉 他
◆執筆者：永田宏二／宮本禮次／佐藤勝亮 他 19名

バイオ検査薬の開発
監修／山本 重夫
ISBN4-88231-085-6　　　　　　B583
A5判・217頁　本体3,000円＋税（〒380円）
初版 1992年4月　普及版 2000年9月

構成および内容：〈総論〉臨床検査薬の技術／臨床検査機器の技術〈検査薬と検査機器〉バイオ検査薬用の素材／測定系の最近の進歩／検出系と機器
◆執筆者：片山善章／星野忠／河野均也／緬荘和子／藤巻道男／小栗豊子／猪狩淳／渡辺文夫／磯部和正／中井利昭／髙橋豊三／中島憲一郎／長谷川明／舟橋真一 他 9名

紙薬品と紙用機能材料の開発
監修／稲垣 寛
ISBN4-88231-086-4　　　　　　B582
A5判・274頁　本体3,400円＋税（〒380円）
初版 1988年12月　普及版 2000年9月

構成および内容：〈紙用機能材料と薬品の進歩〉紙用材料と薬品の分類／機能材料と薬品の性能と用途〈抄紙用薬品〉パルプ化から抄紙工程までの添加薬品／パルプ段階での添加薬品〈紙の2次加工薬品〉加工紙の現状と加工薬品／加工用薬品〈加工技術の進歩〉他
◆執筆者：稲垣寛／尾鍋史彦／西尾信之／平岡誠 他 20名

機能性ガラスの応用
ISBN4-88231-084-8　　　　　　B581
A5判・251頁　本体2,800円＋税（〒380円）
初版 1990年2月　普及版 2000年8月

構成および内容：〈光学的機能ガラスの応用〉光集積回路とニューガラス／光ファイバー〈電気・電子機能ガラスの応用〉電気用ガラス／ホーロー回路基盤〈熱的・機械的機能ガラスの応用〉〈化学的・生体機能ガラスの応用〉〈用途開発展開中のガラス〉 他
◆執筆者：作花済夫／栖原敏明／髙橋志郎 他 26名

超精密洗浄技術の開発
監修／角田 光雄
ISBN4-88231-083-X　　　　　　B580
A5判・247頁　本体3,200円＋税（〒380円）
初版 1992年3月　普及版 2000年8月

構成および内容：〈精密洗浄の技術動向〉精密洗浄技術／洗浄メカニズム／洗浄評価技術〈超精密洗浄技術〉ウェハ洗浄技術／洗浄用薬品〈CFC-113と1,1,1-トリクロロエタンの規制動向と規制対応状況〉国際法による規制スケジュール／各国国内法による規制スケジュール 他
◆執筆者：角田光雄／斉木篤／山本芳彦／大部一夫他 10名

※書籍をご購入の際は、最寄りの書店にご注文いただくか、㈱シーエムシーのホームページ（http://www.cmcbooks.co.jp/）にてお申し込み下さい。

CMCテクニカルライブラリー のご案内

機能性フィラーの開発技術
ISBN4-88231-082-1　　　　　　B579
A5判・324頁　本体 3,800 円＋税（〒380 円）
初版 1990 年 1 月　普及版 2000 年 7 月

◆構成および内容：序／機能性フィラーの分類と役割／フィラーの機能制御／力学的機能／電気・磁気的機能／熱的機能／光・色機能／その他機能／表面処理と複合化／複合材料の成形・加工技術／機能性フィラーへの期待と将来展望

◆執筆者：村上謙吉／由井浩／小石真純／山田英夫他 24 名

高分子材料の長寿命化と環境対策
監修／大澤 善次郎
ISBN4-88231-081-3　　　　　　B578
A5判・318頁　本体 3,800 円＋税（〒380 円）
初版 1990 年 5 月　普及版 2000 年 7 月

◆構成および内容：プラスチックの劣化と安定性／ゴムの劣化と安定性／繊維の構造と劣化、安定化／紙・パルプの劣化と安定化／写真材料の劣化と安定化／塗膜の劣化と安定化／染料の退色／エンジニアリングプラスチックの劣化と安定化／複合材料の劣化と安定化 他

◆執筆者：大澤善次郎／河本圭司／酒井英紀 他 16 名

吸油性材料の開発
ISBN4-88231-080-5　　　　　　B577
A5判・178頁　本体 2,700 円＋税（〒380 円）
初版 1991 年 5 月　普及版 2000 年 7 月

◆構成および内容：〈吸油（非水溶液）の原理とその構造〉ポリマーの架橋構造／一次架橋構造とその物性に関する最近の研究〈吸油性材料の開発〉無機系／天然系吸油性材料／有機系吸油性材料〈吸油性材料の応用と製品〉吸油性材料／不織布系吸油性材料／固化型 油吸着材 他

◆執筆者：村上謙吉／佐藤悌治／岡部潔 他 8 名

消泡剤の応用
監修／佐々木 恒孝
ISBN4-88231-079-1　　　　　　B576
A5判・218頁　本体 2,900 円＋税（〒380 円）
初版 1991 年 5 月　普及版 2000 年 7 月

◆構成および内容：泡・その発生・安定化・破壊／消泡理論の最近の展開／シリコーン消泡剤／バイオプロセスへの応用／食品製造への応用／パルプ製造工程への応用／抄紙工程への応用／繊維加工への応用／塗料、インキへの応用／高分子ラテックスへの応用 他

◆執筆者：佐々木恒孝／高橋葉子／角田淳 他 14 名

粘着製品の応用技術
ISBN4-88231-078-3　　　　　　B575
A5判・253頁　本体 3,000 円＋税（〒380 円）
初版 1989 年 1 月　普及版 2000 年 7 月

◆構成および内容：〈材料開発の動向〉粘着製品の材料／粘着剤／下塗剤〈塗布技術の最近の進歩〉水系エマルジョンの特徴およびその塗工装置／最近の製品製造システムとその概説〈粘着製品の応用〉電気・電子関連用粘着製品／自動車用粘着製品／医療用粘着製品 他

◆執筆者：福沢敬司／西田幸平／宮崎正常 他 16 名

複合糖質の化学
監修／小倉 治夫
ISBN4-88231-077-5　　　　　　B574
A5判・275頁　本体 3,100 円＋税（〒380 円）
初版 1989 年 6 月　普及版 2000 年 8 月

◆構成および内容：KDO の化学とその応用／含硫シアル酸アナログの化学と応用／シアル酸誘導体の生物活性とその応用／ガングリオシドの化学と応用／セレブロシドの化学／糖脂質糖鎖の多様性／糖タンパク質鎖の癌性変化／シクリトール類の化学と応用 他

◆執筆者：山川民夫／阿知波一雄／池田潔 他 15 名

プラスチックリサイクル技術
ISBN4-88231-076-7　　　　　　B573
A5判・250頁　本体 3,000 円＋税（〒380 円）
初版 1992 年 1 月　普及版 2000 年 7 月

◆構成および内容：廃棄プラスチックとリサイクル促進／わが国のプラスチックリサイクルの現状／リサイクル技術と回収システムの開発／資源・環境保全製品の設計／産業別プラスチックリサイクル開発の現状／樹脂別形態別リサイクリング技術／企業・業界の研究開発動向他

◆執筆者：本多淳祐／遠藤秀夫／柳澤孝成／石倉豊他 14 名

分解性プラスチックの開発
監修／土肥 義治
ISBN4-88231-075-9　　　　　　B572
A5判・276頁　本体 3,500 円＋税（〒380 円）
初版 1990 年 9 月　普及版 2000 年 6 月

◆構成および内容：〈廃棄プラスチックによる環境汚染と規制の動向〉〈廃棄プラスチック処理の現状と課題〉〈分解性プラスチックスの開発技術〉生分解性プラスチックス／光分解性プラスチックス〈分解性の評価技術〉〈研究開発動向〉〈分解性プラスチックの代替可能性と実用化展望〉他

◆執筆者：土肥義治／山中唯義／久保直紀／柳澤孝成他 9 名

※書籍をご購入の際は、最寄りの書店にご注文いただくか、㈱シーエムシーのホームページ（http://www.cmcbooks.co.jp/）にてお申し込み下さい。

CMCテクニカルライブラリーのご案内

ポリマーブレンドの開発
編集／浅井 治海
ISBN4-88231-074-0　　　　　　　B571
A5判・242頁　本体3,000円＋税（〒380円）
初版1988年6月　普及版2000年7月

◆構成および内容：〈ポリマーブレンドの構造〉物理的方法／化学的方法〈ポリマーブレンドの性質と応用〉汎用ポリマーどうしのポリマーブレンド／エンジニアリングプラスチックどうしのポリマーブレンド〈各工業におけるポリマーブレンド〉ゴム工業におけるポリマーブレンド　他
◆執筆者：浅井治海／大久保政芳／井上公藤　他25名

自動車用高分子材料の開発
監修／大庭 敏之
ISBN4-88231-073-2　　　　　　　B570
A5判・274頁　本体3,400円＋税（〒380円）
初版1989年12月　普及版2000年7月

◆構成および内容：〈外板、塗装材料〉自動車用SMCの技術動向と課題、RIM材料〈内装材料〉シート表皮材料、シートパッド〈構造用樹脂〉繊維強化先進複合材料、GFRP板ばね〈エラストマー材料〉防振ゴム、自動車用ホース〈塗装・接着材料〉鋼板用塗料、樹脂用塗料、構造用接着剤他
◆執筆者：大庭敏之／黒川滋樹／村田佳生／中村胖他23名

不織布の製造と応用
編集／中村 義男
ISBN4-88231-072-4　　　　　　　B569
A5判・253頁　本体3,200円＋税（〒380円）
初版1989年6月　普及版2000年4月

◆構成および内容：〈原料編〉有機系・無機系・金属系繊維、バインダー、添加剤〈製法編〉エアレイバルプ法、湿式法、スパンレース法、メルトブロー法、スパンボンド法、フラッシュ紡糸法〈応用編〉衣料、生活、医療、自動車、土木・建築、ろ過関連、電気・電磁波関連、人工皮革他
◆執筆者：北村孝雄／萩原勝男／久保栄一／大垣豊他15名

オリゴマーの合成と応用

ISBN4-88231-071-6　　　　　　　B568
A5判・222頁　本体2,800円＋税（〒380円）
初版1990年8月　普及版2000年6月

◆構成および内容：〈オリゴマーの最新合成法〉〈オリゴマー応用技術の新展開〉ポリエステルオリゴマーの可塑剤／接着剤・シーリング材／粘着剤／化粧品／医薬品／歯科用材料／凝集・沈殿剤／コピー用トナーバインダー他
◆執筆者：大河原信／塩谷啓一／廣瀬拓治／大橋徹也／大月裕／大見賀広方／土岐宏俊／松原次男／富田健一他7名

DNAプローブの開発技術
著者／高橋 豊三
ISBN4-88231-070-8　　　　　　　B567
A5判・398頁　本体4,600円＋税（〒380円）
初版1990年4月　普及版2000年5月

◆構成および内容：〈核酸ハイブリダイゼーション技術の応用〉研究分野、遺伝病診断、感染症、法医学、がん研究・診断他への応用〈試料DNAの調製〉濃縮・精製の効率化他〈プローブの作成と分離〉〈プローブの標識〉放射性、非放射性標識他〈新しいハイブリダイゼーションのストラテジー〉〈診断用DNAプローブと臨床微生物検査〉他

ハイブリッド回路用厚膜材料の開発
著者／英 一太
ISBN4-88231-069-4　　　　　　　B566
A5判・274頁　本体3,400円＋税（〒380円）
初版1988年5月　普及版2000年5月

◆構成および内容：〈サーメット系厚膜回路用材料〉〈厚膜回路におけるエレクトロマイグレーション〉〈厚膜ペーストのスクリーン印刷技術〉〈ハイブリッドマイクロ回路の設計と信頼性〉〈ポリマー厚膜材料のプリント回路への応用〉〈導電性接着剤、塗料への応用〉ダイアタッチ用接着剤／導電性エポキシ樹脂接着剤によるSMT他

植物細胞培養と有用物質
監修／駒嶺 穆
ISBN4-88231-068-6　　　　　　　B565
A5判・243頁　本体2,800円＋税（〒380円）
初版1990年3月　普及版2000年5月

◆構成および内容：有用物質生産のための大量培養－遺伝子操作による物質生産／トランスジェニック植物による物質生産／ストレスを利用した二次代謝物質の生産／各種有用物質の生産－抗腫瘍物質／ビンカアルカロイド／ベルベリン／ビオチン／シコニン／アルブチン／チクル／色素他
◆執筆者：髙山眞策／作田正明／西荒介／岡崎光雄他21名

高機能繊維の開発
監修／渡辺 正元
ISBN4-88231-066-X　　　　　　　B563
A5判・244頁　本体3,200円＋税（〒380円）
初版1988年8月　普及版2000年4月

◆構成および内容：〈高強度・高耐熱〉ポリアセタール〈無機系〉アルミナ／耐熱セラミック〈導電性・制電性〉芳香族系／有機系〈バイオ繊維〉医療用繊維／人工皮膚／生体筋と人工筋〈吸水・撥水・防汚繊維〉フッ素加工〈高風合繊維〉超高収縮・高密度素材／超極細繊維他
◆執筆者：酒井紘／小松民邦／大田康雄／飯塚登志雄他24名

※書籍をご購入の際は、最寄りの書店にご注文いただくか、㈱シーエムシーのホームページ（http://www.cmcbooks.co.jp/）にてお申し込み下さい。

CMCテクニカルライブラリーのご案内

導電性樹脂の実際技術
監修/赤松 清
ISBN4-88231-065-1　　B562
A5判・206頁　本体2,400円+税（〒380円）
初版1988年3月　普及版2000年4月

◆構成および内容：染色加工技術による導電性の付与/透明導電膜/導電性プラスチック/導電性塗料/導電性ゴム/面発熱体/低比重高導電プラスチック/繊維の帯電防止/エレクトロニクスにおける遮蔽技術/プラスチックハウジングの電磁遮蔽/微生物と導電性/他
◆執筆者：奥田昌宏/南忠男/三谷謙二/斉藤信夫他8名

形状記憶ポリマーの材料開発
監修/入江 正浩
ISBN4-88231-064-3　　B561
A5判・207頁　本体2,800円+税（〒380円）
初版1989年10月　普及版2000年3月

◆構成および内容：〈材料開発編〉ポリイソプレイン系/スチレン・ブタジエン共重合体/光・電気誘起形状記憶ポリマー/セラミックスの形状記憶現象〈応用編〉血管外科的分野への応用/歯科用材料/電子配線の被覆/自己制御型ヒーター/特許・実用新案他
◆執筆者：石井正雄/唐牛正夫/上野桂二/宮崎修一他

光機能性高分子の開発
監修/市村 國宏
ISBN4-88231-063-5　　B560
A5判・324頁　本体3,400円+税（〒380円）
初版1988年2月　普及版2000年3月

◆構成および内容：光機能性包接錯体/高耐久性有機フォトロミック材料/有機DRAW記録体/フォトクロミックメモリ/PHB材料/ダイレクト製版材料/CEL材料/光化学治療用光増感剤/生体触媒の光固定化他
◆執筆者：松田実/清水茂樹/小関健一/城田靖彦/松井文雄/安藤栄司/岸井典之/米沢輝彦他17名

DNAプローブの応用技術
著者/高橋 豊三
ISBN4-88231-062-7　　B559
A5判・407頁　本体4,600円+税（〒380円）
初版1988年2月　普及版2000年3月

◆構成および内容：〈感染症の診断〉細菌感染症/ウイルス感染症/寄生虫感染症〈ヒトの遺伝子診断〉出生前の診断/遺伝病の治療〈ガン診断の可能性〉リンパ系新生物のDNA再編成〈諸技術〉フローサイトメトリーの利用/酵素的増幅法を利用した特異的塩基配列の遺伝子解析〈合成オリゴヌクレオチド〉他

多孔性セラミックスの開発
監修/服部 信・山中 昭司
ISBN4-88231-059-7　　B556
A5判・322頁　本体3,400円+税（〒380円）
初版1991年9月　普及版2000年3月

◆構成および内容：多孔性セラミックスの基礎/素材の合成（ハニカム・ゲル・ミクロポーラス・多孔質ガラス）/機能（耐火物・断熱材・センサ・触媒）/新しい多孔体の開発（バルーン・マイクロサーム他）
◆執筆者：直野博光/後藤誠史/牧島亮男/作花済夫/荒井弘通/中原佳子/守屋善郎/細val秀雄他31名

エレクトロニクス用機能メッキ技術
著者/英 一太
ISBN4-88231-058-9　　B555
A5判・242頁　本体2,800円+税（〒380円）
初版1989年5月　普及版2000年2月

◆構成および内容：連続ストリップメッキラインと選択メッキ技術/高スローイングパワーはんだメッキ/酸性硫酸銅浴の有機添加剤のコント/無電解金メッキ〈応用〉プリント配線板/コネクター/電子部品および材料/電磁波シールド/磁気記録材料/使用済み無電解メッキ浴の廃水・排水処理他

機能性化粧品の開発
監修/高橋 雅夫
ISBN4-88231-057-0　　B554
A5判・342頁　本体3,800円+税（〒380円）
初版1990年8月　普及版2000年2月

◆構成および内容：Ⅱアイテム別機能の評価・測定/Ⅲ機能性化粧品の効果を高める研究/Ⅳ生体の新しい評価と技術/Ⅴ新しい原料、微生物代謝産物、角質細胞間脂質、ナイロンパウダー、シリコーン誘導体他
◆執筆者：尾沢達也/高野勝弘/大郷保治/福田英憲/赤堀敏之/萬秀憲/梅田達也/吉田酵他35名

フッ素系生理活性物質の開発と応用
監修/石川 延男
ISBN4-88231-054-6　　B552
A5判・191頁　本体2,600円+税（〒380円）
初版1990年7月　普及版1999年12月

◆構成および内容：〈合成〉ビルディングブロック/フッ素化/〈フッ系医薬〉合成抗菌薬/降圧薬/高脂血症薬/中枢神経系用薬/〈フッ系農薬〉除草剤/殺虫剤/殺菌剤/他
◆執筆者：田口武夫/梅本照雄/米田徳彦/熊井清作/沢田英夫/中山雅陽/大髙博/塚本悟郎/芳賀隆弘

※書籍をご購入の際は、最寄りの書店にご注文いただくか、㈱シーエムシーのホームページ（http://www.cmcbooks.co.jp/）にてお申し込み下さい。

CMCテクニカルライブラリー のご案内

マイクロマシンと材料技術
監修／林 輝
ISBN4-88231-053-8　　　　　　　　　B551
A5判・228頁　本体2,800円＋税　（〒380円）
初版1991年3月　普及版1999年12月

◆構成および内容：マイクロ圧力センサー／細胞および DNAのマニュピュレーション／Si-Si接合技術と応用製品／セラミックアクチュエーター／ph変化形アクチュエーター／STM・応用加工他
◆執筆者：佐藤洋一／生田幸士／杉山進／鷲津正夫／中村哲郎／髙橋貞行／川崎修／大西一正他16名

UV・EB硬化技術の展開
監修／田畑 米穂　編集／ラドテック研究会
ISBN4-88231-052-X　　　　　　　　　B549
A5判・335頁　本体3,400円＋税　（〒380円）
初版1989年9月　普及版1999年12月

◆構成および内容：〈材料開発の動向〉〈硬化装置の最近の進歩〉紫外線硬化装置／電子硬化装置／エキシマレーザー照射装置〈最近の応用開発の動向〉自動車部品／電気・電子部品／光学／印刷／建材／歯科材料他
◆執筆者：大井吉晴／実松司／柴田讓治／中村茂／大庭敏夫／西久保忠臣／滝本靖／伊達宏和他22名

特殊機能インキの実際技術
ISBN4-88231-051-1　　　　　　　　　B548
A5判・194頁　本体2,300円＋税　（〒380円）
初版1990年8月　普及版1999年11月

◆構成および内容：ジェットインキ／静電トナー／転写インキ／表示機能性インキ／装飾機能インキ／熱転写／導電性／磁性／蛍光・蓄光／減感／フォトクロミック／スクラッチ／ポリマー厚膜材料他
◆執筆者：木下晃男／岩田靖久／小林昌晶／寺山道男／相原次郎／笠置一彦／小浜信行／髙尾道生他13名

プリンター材料の開発
監修／髙橋 恭介・入江 正浩
ISBN4-88231-050-3　　　　　　　　　B547
A5判・257頁　本体3,000円＋税　（〒380円）
初版1995年8月　普及版1999年11月

◆構成および内容：〈プリンター編〉感熱転写／バブルジェット／ピエゾインクジェット／ソリッドインクジェット／静電プリンター・プロッター／マグネトグラフィ〈記録材料・ケミカルス編〉他
◆執筆者：坂本康治／大西勝／橋本憲一郎／碓井稔／福田隆／小鍛治徳雄／中沢亨／杉崎裕他11名

機能性脂質の開発
監修／佐藤 清隆・山根 恒夫
　　　岩橋 槇夫・森　弘之
ISBN4-88231-049-X　　　　　　　　　B546
A5判・357頁　本体3,600円＋税　（〒380円）
初版1992年3月　普及版1999年11月

◆構成および内容：工業的バイオテクノロジーによる機能性油脂の生産／微生物反応・酵素反応／脂肪酸と高級アルコール／混酸型油脂／機能性食用油／改質油／リポソーム用リン脂質／界面活性剤／記録材料／分子認識場としての脂質膜／バイオセンサ構成素子他
◆執筆者：菅野道廣／原健次／山口道広他30名

電気粘性(ER)流体の開発
監修／小山 清人
ISBN4-88231-048-1　　　　　　　　　B545
A5判・288頁　本体3,200円＋税　（〒380円）
初版1994年7月　普及版1999年11月

◆構成および内容：〈材料編〉含水系粒子分散型／非含水系粒子分散型／均一系／EMR流体〈応用編〉ERアクティブダンパーと振動抑制／エンジンマウント／空気圧アクチュエーター／インクジェット他
◆執筆者：滝本淳一／土井正男／大坪泰文／浅子佳延／伊ケ崎文和／志賀亨／赤塚孝寿／石野裕一他17名

有機ケイ素ポリマーの開発
監修／櫻井 英樹
ISBN4-88231-045-7　　　　　　　　　B543
A5判・262頁　本体2,800円＋税　（〒380円）
初版1989年11月　普及版1999年10月

◆構成および内容：ポリシランの物性と機能／ポリゲルマの現状と展望／工業的製造と応用／光関連材料への応用／セラミックス原料への応用／導電材料への応用／その他の含ケイ素ポリマーの開発動向他
◆執筆者：熊田誠／坂本健吉／吉良満夫／松本信雄／加部義夫／持田邦夫／大中恒明／直井嘉樹他8名

有機磁性材料の基礎
監修／岩村 秀
ISBN4-88231-043-0　　　　　　　　　B541
A5判・169頁　本体2,100円＋税　（〒380円）
初版1991年10月　普及版1999年10月

◆構成および内容：高スピン有機分子からのアプローチ／分子性フェリ磁性体の設計／有機ラジカル／高分子ラジカル／金属錯体／グラファイト化途上炭素材料／分子性・有機磁性体の応用展望他
◆執筆者：富田哲郎／熊谷正志／米原祥友／梅原英樹／飯島誠一郎／溝上恵彬／工位武治

※書籍をご購入の際は、最寄りの書店にご注文いただくか、㈱シーエムシーのホームページ(http://www.cmcbooks.co.jp/)にてお申し込み下さい。

CMCテクニカルライブラリー のご案内

高純度シリカの製造と応用
監修／加賀美 敏郎・林 瑛
ISBN4-88231-042-2　　　　　　　　B540
A5判・313頁　本体3,600円＋税（〒380円）
初版1991年3月　普及版1999年9月

◆構成および内容：〈総論〉形態と物性・機能／現状と展望／〈応用〉水晶／シリカガラス／シリカゾル／シリカゲル／微粉末シリカ／IC封止用シリカフィラー／多孔質シリカ他
◆執筆者：川副博司／永井邦彦／石井正／田中映治／森本幸裕／京藤倫久／滝田正俊／中村哲之他16名

最新二次電池材料の技術
監修／小久見 善八
ISBN4-88231-041-4　　　　　　　　B539
A5版・248頁　本体3,600円＋税（〒380円）
初版1997年3月　普及版1999年9月

◆構成および内容：〈リチウム二次電池〉正極・負極材料／セパレーター材料／電解質／〈ニッケル・金属水素化物電池〉正極と電解液／〈電気二重層キャパシタ〉EDLCの基本構成と動作原理〈二次電池の安全性〉他
◆執筆者：菅野了次／脇原將孝／逢坂哲彌／稲葉稔／豊口吉徳／丹治博司／森田昌行／井土秀一他12名

機能性ゼオライトの合成と応用
監修／辰巳 敬
ISBN4-88231-040-6　　　　　　　　B538
A5判・283頁　本体3,200円＋税（〒380円）
初版1995年12月　普及版1999年6月

◆構成および内容：合成の新動向／メソポーラスモレキュラーシーブ／ゼオライト膜／接触分解触媒／芳香族化触媒／環境触媒／フロン吸着／建材への応用／抗菌性ゼオライト他
◆執筆者：板橋慶治／松方正彦／増田立男／木下二郎／関沢和彦／小川政英／水野光一他

ポリウレタン応用技術

ISBN4-88231-037-6　　　　　　　　B536
A5判・259頁　本体2,800円＋税（〒380円）
初版1993年11月　普及版1999年6月

◆構成および内容：〈原材料編〉イソシアネート／ポリオール／副資材／〈加工技術編〉フォーム／RIM／スパンデックス／〈応用編〉自動車／電子・電気／OA機器／電気絶縁／建築・土木／接着剤／衣料／他
◆執筆者：高柳弘／岡部憲昭／奥薗修一他

ポリマーコンパウンドの技術展開

ISBN4-88231-036-8　　　　　　　　B535
A5判・250頁　本体2,800円＋税（〒380円）
初版1993年5月　普及版1999年5月

◆構成および内容：市場と技術トレンド／汎用ポリマーのコンパウンド（金属繊維充填、耐衝撃性樹脂、耐燃焼性、イオン交換膜、多成分系ポリマーアロイ）／エンプラのコンパウンド／熱硬化性樹脂のコンパウンド／エラストマーのコンパウンド／他
◆執筆者：浅井治海／菊池巧／小林俊昭／中條澄他23名

プラスチックの相溶化剤と開発技術
－分類・評価・リサイクル－
編集／秋山 三郎
ISBN4-88231-035-X　　　　　　　　B534
A5判・192頁　本体2,600円＋税（〒380円）
初版1992年12月　普及版1999年5月

◆構成および内容：優れたポリマーアロイを作る鍵である相溶化剤の「技術的課題と展望」「開発と実際展開」「評価技術」「リサイクル」「市場」「海外動向」等を詳述。
◆執筆者：浅井治海／上田明／川上雄資／山下晋三／大村博／山本隆／大前忠行／山口登／森田英夫／相部博史／矢崎文彦／雪岡聡／他

水溶性高分子の開発技術

ISBN4-88231-034-1　　　　　　　　B533
A5判・376頁　本体3,800円＋税（〒380円）
初版1996年3月　普及版1999年5月

◆構成および内容：医薬品／トイレタリー工業／食品工業における水溶性ポリマー／塗料工業／水溶性接着剤／印刷インキ用水性樹脂／用廃水処理用水溶性高分子／飼料工業／水溶性フィルム工業／土木工業／建材建築工業／他
◆執筆者：堀内照夫他15名

機能性高分子ゲルの開発技術
監修／長田 義仁・王 林
ISBN4-88231-031-7　　　　　　　　B531
A5判・324頁　本体3,500円＋税（〒380円）
初版1995年10月　普及版1999年3月

◆構成および内容：ゲル研究－最近の動向／高分子ゲルの製造と構造／高分子ゲルの基本特性と機能／機能性高分子ゲルの応用展開／特許からみた高分子ゲルの研究開発の現状と今後の動向
◆執筆者：田中穣／長田義仁／小川悦代／原一広他

※書籍をご購入の際は、最寄りの書店にご注文いただくか、
㈱シーエムシーのホームページ（http://www.cmcbooks.co.jp/）にてお申し込み下さい。

CMCテクニカルライブラリー のご案内

熱可塑性エラストマーの開発技術
編著／浅井　治海
ISBN4-88231-033-3　　　　　　B532
A5判・170頁　本体2,400円＋税（〒380円）
初版1992年6月　普及版1999年3月

◆構成および内容：経済性、リサイクル性などを生かして高付加価値製品を生みだすことと既存の加硫ゴム製品の熱可塑性ポリマー製品との代替が成長の鍵となっているTPEの市場／メーカー動向／なぜ成長が期待されるのか／技術開発動向／用途展開／海外動向／他

シリコーンの応用展開
編集／黛　哲也
ISBN4-88231-026-0　　　　　　B527
A5判・288頁　本体3,000円＋税（〒380円）
初版1991年11月　普及版1998年11月

◆構成および内容：概要／電気・電子／輸送機／土木、建築／化学／化粧品／医療／紙・繊維／食品／成形技術／レジャー用品関連／美術工芸へのシリコーン応用技術を詳述。
◆執筆者：田中正喜／福田健／吉田武男／藤木弘直／反町正美／福永憲朋／飯塚徹／他

コンクリート混和剤の開発技術
ISBN4-88231-027-9　　　　　　B526
A5判・308頁　本体3,400円＋税（〒380円）
初版1995年9月　普及版1998年9月

◆構成および内容：序論／コンクリート用混和剤各論／AE剤／減水剤・AE減水剤／流動化剤／高性能AE減水剤／分離低減剤／起泡剤・発泡剤他／コンクリート用混和剤各論／膨張材他／コンクリート関連ケミカルスを詳述。
◆執筆者：友澤史紀／他21名

機能性界面活性剤の開発技術
著者／堀内　照夫ほか
ISBN4-88231-024-4　　　　　　B525
A5判・384頁　本体3,800円＋税（〒380円）
初版1994年12月　普及版1998年7月

◆構成および内容：新しい機能性界面活性剤の開発と応用／界面活性剤の利用技術／界面活性剤との相互作用／界面活性剤の応用展開／医薬品／農薬／食品／化粧品／トイレタリー／合成ゴム・合成樹脂／繊維加工／脱墨剤／高性能AE減水剤／防錆剤／塗料他を詳述

高分子添加剤の開発技術
監修／大勝　靖一
ISBN4-88231-023-6　　　　　　B524
A5判・331頁　本体3,600円＋税（〒380円）
初版1992年5月　普及版1998年6月

◆構成および内容：HALS・紫外線吸収剤／フェノール系酸化防止剤／リン・イオウ系酸化防止剤／熱安定剤／感光性樹脂の添加剤／紫外線硬化型重合開始剤／シランカップリング剤／チタネート系カップリング剤による表面改質／エポキシ樹脂硬化剤／他

フッ素系材料の開発
編集／山辺　正顕，松尾　仁
ISBN4-88231-018-X　　　　　　B518
A5判・236頁　本体2,800円＋税（〒380円）
初版1994年1月　普及版1997年9月

◆構成および内容：フロン対応／機能材料としての展開／フッ素ゴム／フッ素塗料／機能性膜／光学電子材料／表面改質材／撥水撥油剤／不活性媒体・オイル／医薬・中間体／農薬・中間体／展望について、フッ素化学の先端企業、旭硝子の研究者が分担執筆。

※書籍をご購入の際は、最寄りの書店にご注文いただくか、㈱シーエムシーのホームページ(http://www.cmcbooks.co.jp/)にてお申し込み下さい。